Cotton time

精选集

附赠超值实物大小纸样

送给亲亲宝贝的手作小物

简单可爱！手工制作的布艺玩具 & 布艺小物

日本主妇与生活社　编著

何凝一　译

U0193639

本书中的作品可供上幼儿园的小朋友使用
包括玩具、小物件、简单的服饰等
均为充满爱心的妈妈手工制作
还专为妈妈们收录了婴儿背带、奶瓶袋等
请各位朋友挑选自己喜欢的制作

中国民族摄影艺术出版社

Contents

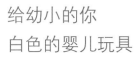

别有韵味的手工制作

压倒也没关系！
欢迎来到玩具天堂

用手工服饰首次感受时尚

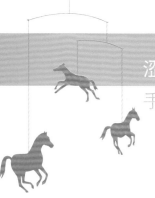

涩泽英子妈妈的
手工日记

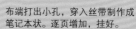

首先，将电脑中的图片印刷到熨烫印刷纸（文具店有售）上。完成后揭下反面的纸，直接粘贴到布料上。

布端打出小孔，穿入丝带制作成笔记本状。逐页增加，挂好。

将那时的回忆转换成文字，用图章印制是重点。"只要有你的笑容，我就是幸福的。"

相框尺寸为 21cm 的正方形。图片为第1页。封面为吃到美味时的女儿。

所有的玩具都是为了看见你的笑容

2 岁的女儿小葵在高兴什么呢？如果这样做会不会更好呢？总想制作一些小物品，希望不要阻碍到小葵的想象力。说到操作安全，从素材方面来看，布料仍旧是第一选择。犹豫种种，还是非常认真、快乐地开始思索制作。我也曾想过，假如女儿长大后，这些玩具还留存在手边的话，会不会觉得妈妈制作的东西如此可爱，进而有一种莫名的尊敬涌上心头呢？整个制作的过程中，女儿闪烁着大眼睛望着我。眼见完成后，十分得意地嚷嚷"妈妈做好了"。除了孩子外，没有谁能给我这种最直接的喜悦与成就。

布料不会像纸一样，不用担心边角划伤手

不知道会遇见怎样的表情，外出时总是带着相机。

稍稍透露点相簿中的内容

百变相簿

笑脸、哭泣、生气、不理人……
我将女儿那些私密表情制作成相册。
……当然不错，可偶尔也需要这样的表情哦。
把家里的布头剪成四方形，一会儿就可以完成了。

正在撕碎纸的女儿。有段时间迷恋撕纸。

睡觉的姿态也超调皮，调皮！呼噜噜ZZZ……。

哎哟？有点不高兴哦……

啃沙发边。

问女儿："你看见什么了？"回答："天空……"

玩水。

手印 & 脚印的箱子

小小手印和脚印的箱子。涂上红色的墨水，让女儿随意压按。印上图案的布料再粘贴到用厚纸做成的箱子上……这样就好了。套入式的设计，因此高高地堆积起来，或是放入玩具都可，玩法多样哦。

5 个放在一起，盖上盒盖的话就是这个样子。

宝宝把它拿出来又放进去，真的很喜欢啊。

好了，收拾完了。

箱子用厚纸组合而成，各相差 2cm，共 5 个。堆积成塔一样的形状，高 55cm。

乖巧惹人怜爱，想要此刻永恒……

手印 & 脚印的印法

手放到印台中……

红色均匀抹开，准备完毕。

展开布料，随意按手印。

让宝宝在布料上走来走去，加入脚印。

墨迹晾干后用熨斗熨烫，图案会渗透到反面。就这样和布料玩耍也不用太在意。

※详细的制作方法参见第 71 页　　**5**

折叠起来还能用来装饰房间。

轻柔洗涤 OK。

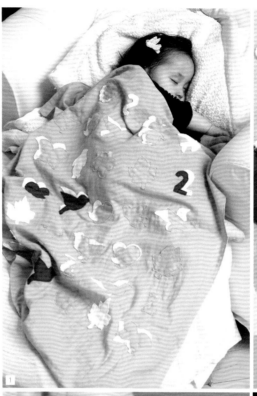

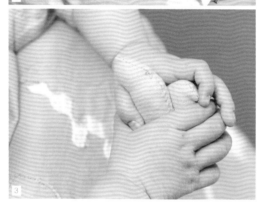

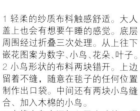

1 轻柔的纱质布料触感舒适。大人盖上也会有想要午睡的感觉。底层周围经过折叠三次处理。从上往下嵌花图案为数字、小鸟、花朵、叶子。
2 小鸟形状的布料两块错开。上边留着不缝，随意在毯子的任何位置制作出口袋。中间还有两块小鸟缝合、加入木棉的小鸟。
3 木棉小鸟中还加入了小鸣笛。现在正开心地按着呢。
4 有时还能当做披风。

裹在身上，两个人亲昵。

除了小鸟图案外，还有……

蓝色的燕子　　　白色的企鹅

叽叽喳喳的小鸟毛毯

女儿非常喜欢毛毯。
公园中如果有鸽子，她便会挣脱我，一边咕咕咕咕地叫着，一边追逐着。因此，在纱质的毯子口袋上也加入小鸟图案。压住腹部，便会发出"吱——"的声音！一听到这样的声音，女儿就会非常开心。

动物的声音、电视……
对声音饶有兴趣的你，
适合这个！

吉他中间塞入蓬松的棉花。用脚来弹奏也可以哦。

铃音吉他

唱歌、跳舞……都是女儿的特长。
最近对面包超人的主题曲相当着迷。
于是，我在想要不要做一个乐器的玩具呢……
钢琴太普通了吧?
要不还是吉他吧。刺绣线用做弦，用手掌弹拨，便会发出叮铃铃的声音!

★ 实物大嵌花图案在 A 面

※ 详细的制作方法参见第 71 页

两用吉他

咚! 嘭!
音乐停不了哦。

实际上还可以用做手提包哦。
手帕或糖果还可以装到口袋里哦。

模仿妈妈。

想要玩过家家～～ 你有没有这样的想法？

"今天我来准备晚饭"，绕着桌子，跌跌撞撞，模仿妈妈。

1 能看见黄色布头制作的汤中放入了圆形的玉米粒吗？

2 黄色的毛毡是蛋黄，白色的毛毡是蛋白。重叠粘贴在一起瞬间就能制作完成煎蛋了。

3 这个是顺带制作的彩色果汁。用布头塞进空瓶中制作而成。瓶口稍微下点功夫，加上布料制作的瓶盖等，防止宝宝误吞里面的小铃铛。

黄色的玉米浓汤

女儿的早饭是自己制作的玉米浓汤。

看着我每天在厨房站着准备的样子，坚持说自己也要做饭。

在过家用的小锅里不停的搅拌，自己玩了起来。

可锅里是空的，有种说不出来的寂寥感。

所以才用黄色的布头制作了汤。

玉米浓汤的制作方法

黄色的布料剪成椭圆形，两块正面相对合拢缝好。此时要留出返口，中间塞入纸巾。缝合返口时，将顶端弄尖，更接近真的玉米粒。

用花边剪刀将黄色的布头剪成 1×1.5cm 的 2 种碎片。与左边的玉米粒混合。

毛毡汤具

将焦糖色的毛毡剪成直径12cm 的圆形，按照图示方法在 1 个位置剪出宽 2cm 的切口。

将切口部分缝合出褶皱后即可。勺子是由布头卷起制成，简约而简单。

彩色果汁

用花边剪刀将布头剪成1×1.5cm 的各种碎布，放入空瓶中。铃铛也一起放入。

布艺花朵的花店

我的工作便是每天插花。
不知女儿是不是明白，或者根本不需要明白，
反正她也非常喜欢花。
当然希望能让她接触真正的花，
可是打理麻烦，常常会有水溢出来。
只好忍着，用各种柔软的布艺花朵代替。
布头裁剪好就可以，不用水洗。
5分钟就能制作好1朵花。

涩泽英子
花艺、婚礼策划者，杂货设计师。每天忙于工作，
照顾两岁的女儿。

即便捏住花瓣也不会凋零，这是布艺花朵的特点。摆弄过程中压坏形状也没关系，马上就可以用手修整恢复到原状。女儿正在做开店准备呢。

女儿把布艺花朵弄成一束，抱着拿给我，拿着哦！莫名地开心！

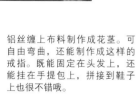

铝丝缠上布料制作成花茎。可自由弯曲，还能制作成这样的戒指。既能固定在头发上，还能挂在手提包上，拼接到鞋子上也很不错哦。

布艺花朵放入空瓶中，可以开店啦！
先按图纸裁剪好布料，张贴到空瓶上。

布艺花朵的制作方法

材料为：花瓣用布料10×30cm（3块），花茎用布料50×1cm，铝丝、双面胶。
先按图纸裁剪3块布料。根据不同的图纸，花瓣分为圆形和尖形两种，使用方法相同。

3块花瓣重叠，拿在手中，对折。包裹起来制作出花的形状。

布料和铝丝重叠的部分用胶条（花艺用胶条或透明胶都OK）固定。

双面胶粘贴到布料上，剪成宽5mm的细长条状，缠到铝丝上。

完成。左侧为1块布料制作成的花朵形状。中间为2块颜色不同的布料重叠制作而成。右侧为3块组合而成。试着制作出各种质感和不同气质的花朵吧。

花茎顶端如图。除绿色以外，缠上其它颜色更具手工质感。铝丝末端用布包好，防止扎伤。

★ 实物大嵌花图案在A面

给幼小的你
白色的婴儿玩具

小羊尼基

千叶县 / 长谷川久美子

迷你围兜和脚底的黄色条纹非常显眼，突出蜂巢布的白净，洋溢着清爽感，很适合当宝宝的第一个朋友。捏一捏还有笛音，非常可爱。

比如，为腹中的宝宝制作件玩具……
或者为待产的朋友送上祝福……
动动手试试看吧。
今后又会染成什么颜色呢？
怀着无比的期待，来制作这些基本的白色作品吧。

用小手握住轻柔的蜂巢布……

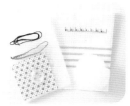

★ 材料
蜂巢布 30×40cm、印花布（围兜用）、铺棉芯、宽 1cm 的布条 8cm、宽 0.5cm 的布条 15cm、棕色的 25 号刺绣线、棉花、鸣笛 1 个

★ 实物大图纸见A面

制作主体

1

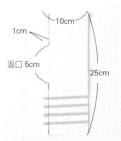

缝背面
背面 2 块布料正面相对合拢，留出返口后缝好。

2

分开缝份，熨烫。

3

布条对折后，反面与其中一侧返口下方重叠，然后从正面压线。背面制作完成。

4

制作耳朵
布料裁剪成 5×4cm，正面相对对折，比照耳朵的图纸，画出印记，缝好。

5

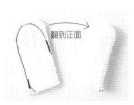

留出 0.5cm 的缝份，周围裁剪，翻到正面。再按同样的方法制作 1 个。

6

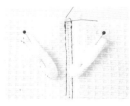

耳朵用珠针暂时固定到步骤 3 上。

7

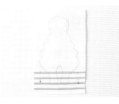

正面与背面合拢
正面与步骤 6 的部分正面相对合拢，比照图纸，画出印记。

8

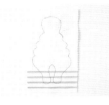

沿印记缝好。

9

背面如图所示。留出 0.5cm 的缝份后周围剪掉，距离缝份 0.2cm 的内侧剪出切口，便于剪出漂亮的弧线。

塞入棉花

1

翻到正面
主体从返口翻到正面。

2

塞入棉花。用筷子等顶端较尖的工具将边角压平。

3

放入鸣笛
铺棉芯剪成 15×8cm 对折，放入鸣笛后周围缝好。与棉花一起放入主体中。

4

返口 "コ" 形缝合。

制作脸部

1

缝耳朵
用珠针将耳朵暂时固定，然后在距离拼接底部 1cm 的位置与主体缝好固定。

2

进行刺绣
眼睛和嘴巴的位置插入珠针。从颈部插入针，两眼和嘴巴绣出缎纹针迹和回针缝针迹。然后再从脖子抽出针，打结。线头藏到围兜中。

回针缝·S
1出
4入 2入
3出
缎纹·S
3出 2入
1出
S= 针迹

3

拼接围兜
缝上围兜，将刺绣线的线头藏好。裁剪处 0.3cm 的缝份，再用针尖将布头折入其中，同时纤缝。

4

镶边上下两端交替缝一圈，将围兜的上端遮住。

5

两端折 0.5cm，呈相接的状态。

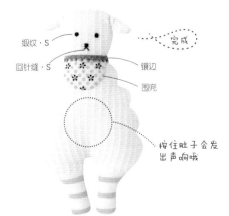

缎纹·S
回针缝·S
镶边
围兜
完成
※ 按住肚子会发出声响哦

※ 单位为 cm　※ 除指定外缝份均为 1cm

1
口袋的表布和里布正面相对合拢，袋口缝好。

2
分开缝份，熨烫。过于用力的话会压坏起毛布料表面的毛圈，需轻一些。

3
翻到正面，距离开口侧 0.5cm 的位置用 3 股刺绣线绣出平针缝针迹。

制作主体

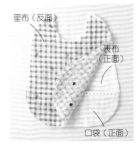

里布（反面）
表布（正面）
口袋（正面）

1
口袋重叠到表布上方，表布与里布正面相对合拢。

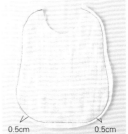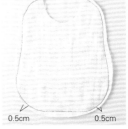

0.5cm   0.5cm

2
沿颈部缝一圈。弧形部分裁剪出 0.5cm 的缝份。这样一来，翻到正面的时候弧形会更加平滑漂亮。

3
从颈部翻到正面，距离顶端 0.5cm 的位置用 3 股刺绣线绣出平针缝针迹。中途需要补线时，可参照插图打结，然后藏好结头。如果想省去中途处理线头的麻烦，可以留长一些线，但要注意小心线缠在一起。

结头的处理方法

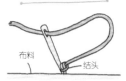

布料   结头

缝衣针插入结头的同一位置，拉紧线，将结头拉入布料中

 围兜

琦玉县 / 小林香

用纱布制作，但也可以用做随身携带的小毛巾。最重要的是清爽干净，可以经常清洗。围兜下方带有口袋，能接住吃东西时漏下的残渣。

★ **材料**
白色起毛布料、印花纱布料各 50×35cm，宽 1cm 的斜裁布条 80cm，25 号刺绣线，市售花样蝴蝶结 1 个，直径 0.9cm 的贝壳钮扣 2 颗

★ **实物大图纸见A面**

最后加入绳带

1
用斜裁布条将颈部周围包住，用珠针固定。参照插图处理顶端。

绳带顶端的处理方法

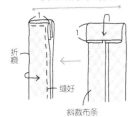

折痕　缝好

斜裁布条

※单位为cm

2
从斜裁布条的顶端缝到另一侧的顶端。

3
颈部中央缝上花样蝴蝶结。

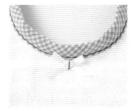

4
缝上贝壳钮扣。

完成

* 为了便于说明，替换了部分线的颜色。实际制作时请根据布料的颜色选择适合的线。

※单位cm　※除指定以外缝份均为1cm

小熊也戴上围兜。

宝宝的服饰再多也觉得不够！

彩色围兜

宫城县 / 青野有纪子

青野小姐参考自己女儿以前使用的围兜设计了图纸，制作了围兜送给妹妹做宝宝出生的贺礼。方格的平日使用，碎花的外出时使用。即便形状相同，但不同的布料也能乐趣横生。

★ 材料
表布（含包边）60×35cm，包边用布2种均为边长40cm的四方形，里布为边长25cm的四方形，装饰

★ 实物大图纸见B面

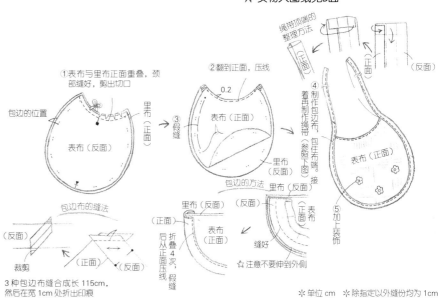

①表布与里布正面重叠，颈部缝好，剪出切口
包边的位置
里布（正面）
表布（反面）

②翻到正面，压线
0.2
表布（正面）
里布（反面）
③假缝
包边的方法
里布（反面）

④制作包边布，包住布端，接着用制作绳带（参照上图）
表布（正面）

绳带顶端的整理方法
（正面）（反面）

⑤加上装饰
表布（正面）

包边布的缝法
（反面）
裁剪
（正面）（反面）

里布（反面）
（正面）
后从正面1cm处压线
折叠4次，假缝
表布（正面）
缝好
※注意不要伸到外侧

3种包边布缝合成长115cm，然后在宽1cm处折出印痕

※单位cm　※除指定以外缝份均为1cm

选用立体的格子布料，也称为蜂巢布。

宝宝垫被

千叶县 / 长谷川久美子

小羊嵌花，三角布的帽子。用它包住小小的脑袋、盖住柔软的身体，是伴随新生儿成长的襁褓。稍微长大后还可以用作毯子或玩耍时的垫布。

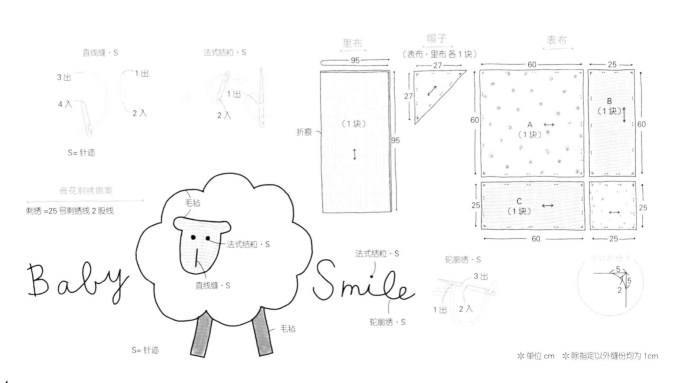

直线缝·S
3出
4入
1出
2入
S= 针迹

法式结粒·S
1出
2入

嵌花刺绣图案
刺绣 =25 号刺绣线 2 股线

毛毡
法式结粒·S
直线缝·S
S= 针迹
毛毡

Baby Smile

里布
95
折痕
（1块）
95

帽子
（表布·里布各1块）
27
27

表布
60
60
A
（1块）
25
C
（1块）
60
25
B
（1块）
60
25
25

法式结粒·S
轮廓绣·S
3出
1出 2入
轮廓绣·S
5
2

※单位 cm ※除指定以外缝份均为1cm

★材料

米褐色的蜂巢布（表布B、C用）60×65cm，边长30cm的四方形粉色印花布（表布A用），纱布（里布、帽子用）100×130cm，本白、粉色、棕色的毛毡、边长95cm的四方形铺棉芯，宽2.5cm的花边65cm，宽1cm的纱质包边布条3.6cm，本白、粉色、棕色的25号刺绣线

制作表布

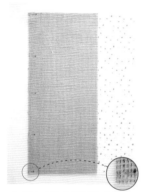

1 表布A和B正面相对合拢，用珠针固定缝好。

2 缝份倒向A侧，熨烫。熨烫太用力的话会影响到蜂巢布的布纹，轻轻压按即可。表布C和D也按同样的方法正面相对缝好，缝份倒向D侧。

3 步骤*1*和*2*的布料正面相对缝好，缝份倒向C与D侧。

铺棉芯与里布重叠

里布
（反面）

1 表布放到裁剪成大块的里布与铺棉芯上方，注意保持平衡。

2 3块假缝，防止错开。参照插图，从中心开始纵横缝4条线，周围缝一圈。放到地板等宽阔平展的地方，一边将3块重叠拿好，一边缝好。

假缝的方法

里布
（反面）

表布
（正面）

铺棉芯

3 沿表布将铺棉芯和里布多余的部分剪掉。按照图示方法使用转轮裁剪刀，一口气便可裁剪完成。布料的下面铺上裁剪垫。

制作帽子

1 在表布上进行嵌花和刺绣（参照P14）。

2 花边顶端的拱缝。

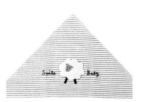

3 拱缝后的线拉紧，缩短成40cm，在距离步骤*1*布端1cm的位置，按照图片的方向缝好。

4 步骤*3*与里布正面相对合拢，下面与铺棉芯重叠，底边用珠针固定。

5 底边车缝。沿针脚边缘剪齐铺棉芯。

6 翻到正面，压住底边的布端，车缝。

7 与主体重叠，假缝。边角剪成圆形。其它3个角也按同样的方法处理。

8 制作扣圈，对折后用珠针固定到帽子部分反面的边角处。

扣圈的制作方法

折痕

市售的斜裁布条（正面）

斜裁布条的两端缝好，对折

进行包边

1 斜裁布条的一侧打开，布条顶端和里布的布端正面相对合拢，插入珠针。顶端按照图示方法先折叠1cm。

2 边角沿弧线插入珠针。

3 沿布条的折叠线车缝一周。缝制终点的顶端与之前折叠1cm的部分重叠。

4 斜裁布条翻折到正面，用步骤*3*遮挡住针脚，再用珠针固定。

5 沿布条边缘缝好。

6 顶端如图。

7 用6股本白色的刺绣线，将表布、铺棉芯、里布打结固定（参照插图）。拆除假缝线。

打结固定的位置

15 =

固定的位置

打结固定的方法

先留出线
刺绣线
（6股线）

打死结，剪断线

用白色的法兰绒陪伴你迈出人生的第一步。
活泼的碎花布料，仿佛你蹒跚的脚步！

★ 实物大图纸见A面

制作主体

鞋面（反面）　　外侧底面（反面）

1
表布（法兰绒）的反面与成品线对齐，贴上粘合芯。

反面

反面

2
表布、里布（印花布）都是将鞋面正面相对折叠，脚跟缝好形成圆形。缝份用熨斗熨烫。

3
绳带暂时固定在表布的鞋口处。

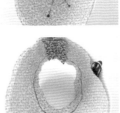

4
步骤3与里布正面相对合拢，从里布顶端扎入珠针。

5
从内侧开始缝鞋口。鞋口较窄，从内侧相对容易缝。

6
鞋口剪出切口。

表布（反面）

7
翻到正面，熨烫整理形状。

宝宝鞋

神奈川县 / 宫丸富美

满心期待孩子走路的那天，妈妈浓浓的爱都渗透进鞋子中。法兰绒柔软较厚，能保护小脚不受伤。

★ 材料
白色法兰绒、印花布各65×25cm，白色亚麻、粘合芯65×25cm，红色宽1cm的丝带35cm、红色的25号刺绣线，直径1.2cm的包扣2颗（用包扣配件制作）

制作绳带

1cm

1
长16cm的丝带从中间对折，上端缝好。

0.5cm

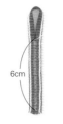

6cm

2
中央折成圆环，距离顶端6cm处缝好。制作两根。

※留出1cm的缝份

拼接底面

1 主体与内侧底面正面相对合拢，从底侧扎入珠针。

2 缝好。

3 缝份的弧形部分剪出切口，熨烫缝份，倒向内侧底面。

4 距离外侧底面缝份顶端0.3cm处拱缝一周。

5 拱缝线拉紧，缝份折叠到内侧，熨烫。

6 步骤5与步骤3正面相对重叠，纤缝。再按同样的方法制作左鞋。

制作包扣

1 在白色的亚麻布上画出直径3cm的圆形，中心刺绣出卷针玫瑰绣针迹。然后再剪下圆形。

2 准备好包扣配件。图片为托圈。

3 步骤/刺绣面用做反面，钮扣放到上面。

4 再放上配件中的挤压棒。

5 使用挤压棒，将布料和钮扣塞入托圈中。

6 用力按下半部分钮扣。

7 从托圈中取出，缝到鞋面上。

卷针玫瑰绣针迹

比◎缠得更长

3出
1出
2入

2股刺绣线

2入

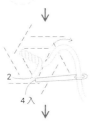

4入

底面绗缝的鞋子

栃木县 / 武田英里

武田小姐受长男鞋子的启发设计了这款宝宝鞋。虽然也常赠予朋友，但想在鞋底印上宝宝名字和出生日期，用心制作成纪念品。

★ 材料
格子布料 20×35cm，法兰绒布料（鞋跟用）、麻布（底面用）为边长20cm的四方形，鞋带用布 20×15cm，绗缝布料（里布用）45×35cm，宽1.3cm的布条10cm，直径1.5cm的包扣2颗，直径1cm的按扣2对

里布

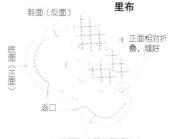

鞋面（反面）

底面（正面）

正面相对折叠，缝好

返口

2 鞋面与底面正面相对合拢，留出返口后缝好

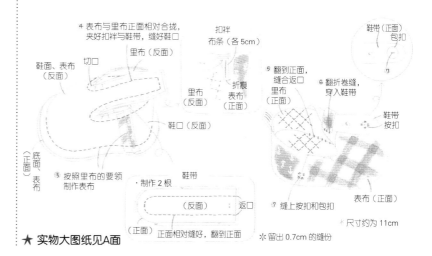

4 表布与里布正面相对合拢，夹好扣袢与鞋带，缝好鞋口

扣袢
布条（各5cm）

鞋带（正面）
包扣

鞋面、表布（反面）

切口

里布（反面）

折痕
表布（正面）

鞋口（反面）

里布（正面）

鞋面（反面）

5 翻到正面，缝合返口
里布（正面）

6 翻折卷缝，穿入鞋带

鞋带按扣

鞋口

底面、表布

3 按照里布的要领制作表布

鞋带
·制作2根

（反面）

（正面）

底面、表布

返口

7 缝上按扣和包扣

表布（正面）

正面相对缝好，翻到正面

尺寸约为11cm

※留出0.7cm的缝份

★ **实物大图纸见A面**

17

大象枕头

东京都 / 奈良一美

让宝宝睡得安心的低矮枕头，略微扁平的大象，中间塞入海绵。反弹力弱，能保持头部舒适放松。

从反面开口处装入或取出内衬袋，套子可以随时洗涤。

★材料
针织布 50×55cm、本白床单布（内衬袋用）40×30cm、边长 20cm 的四方形铺棉芯、弱反弹力海绵、缝纫用线

★ 实物大图纸见A面

制作前面

1

制作耳朵
2 块针织物正面相对合拢，与铺棉芯重叠。

2

除去返口，周围缝好。

3

翻到正面时将缝份剪成 0.5cm，以免起褶。

4

翻到正面。用顶端略尖的工具将曲线部分开整平，便于制作出漂亮的形状。

5

与主体合拢
头部侧的布料与躯干侧的布料正面相对合拢，夹入耳朵，用珠针固定，防止错开。

※ 背面 AB 入口的缝份为 3cm，其它部分为 1cm

制作背面

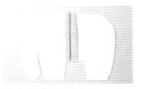

1

内衬袋开口部分 1cm、2cm 处折叠 3 次，熨烫。

2

缝好。

制作主体

1

前面和背面正面相对合拢。此时开口处的缝份先重叠好。

2

尾巴剪成 1×18cm，顶端打结。

3

尾巴对折，夹好。

4

整体扎入珠针。

5

缝合。翻到正面时边角不易平整，可参照插图先剪出切口。

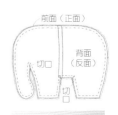

前面（正面）
切口
背面（反面）
切口

6

翻到正面。

制作内衬袋

1 两块正面相对合拢，留出返口后周围缝好，与主体一样剪出切口。

2 从返口翻到反面，边角不易处理的话可用锥子等将布头拉出来。

3 塞入海绵，返口"コ"形缝合。海绵容易落下碎屑，铺层报纸再进行处理，之后清扫时更方便。海绵塞入主体。

····· 完成

小羊的睡衣袋

大阪府 / 新井幸惠

可以从背上的拉链处取放睡衣。每天早上重复这样的动作，换衣服……日常的生活渐渐形成习惯。羊羔绒和针织布两层重叠制作而成，寒冷的冬天也可以安心。

★ 材料
头部、头部中央、外侧耳朵、身体A、右腿a、尾巴用圈圈针织布85×60cm，头顶、身体B、右腿b用羊羔绒85×55cm，内侧耳朵用棉布20×15cm，里布60×25cm，长25cm的拉链1根，宽2cm的丝带80cm，8号刺绣线，羊毛刺绣线，装饰花，棉花

小动物们是宝宝梦中的引路人。小脑袋依偎在腿中间……

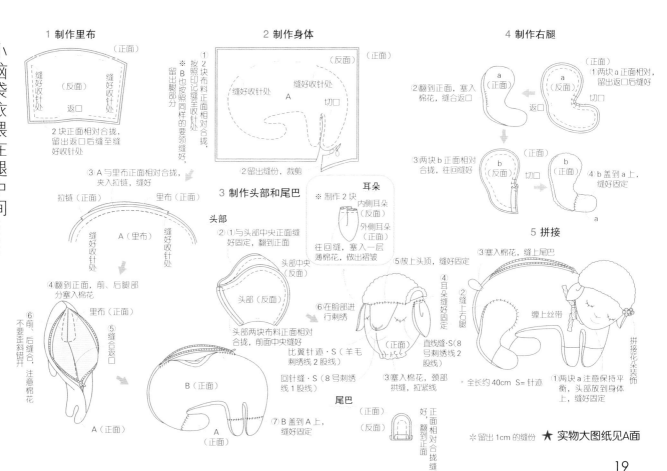

※留出1cm的缝份 　★实物大图纸见A面

让人爱不释手的作品，擦汗巾、尿片袋……
实用又不失精致漂亮。

嘻嘻和哈哈

琦玉县 / 小林香

妊娠时期，这些作品能让人感觉到即将迎来
新生命的幸福感。使用亲肤感极佳的有机棉
起绒布料。根据成长状态可选择 3 种类型的
提手，非常实用。

★ 材料
（嘻嘻）圆环 30×15cm，头部、绒球 a 20×10cm，
耳朵、绒球 b 20×10cm，直径 0.5cm 的线绳
20cm，25 号刺绣线，棉花，铃铛 1 个
（哈哈）头部 15×10cm，主体上部为边长 10cm 的
四方形，主体下部为 15×10cm，耳朵 20×10cm，
25 号刺绣线，棉花，铃铛、鸣笛各 1 个

★ 实物大图纸见A面

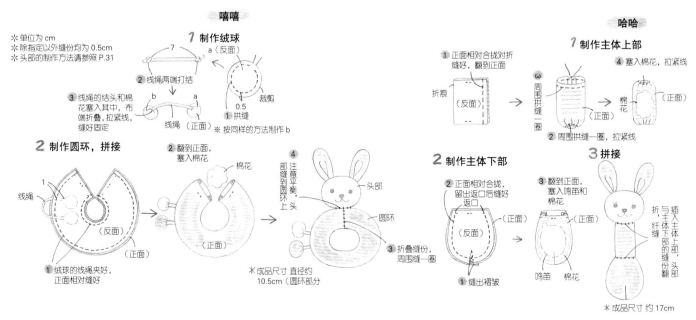

分类手提袋

小仓美子

宝宝外出的时候需要带上许多物品，常常搞不清楚
什么东西放在哪儿了。可以用这样的手提袋做好整
理，这个是尿片、这个是替换的衣物……

★ 材料
布袋、嵌花用布、25 号刺绣线、安全别针

 # 纱质手帕

小仓美子

手帕是必不可缺的实用品。但也不是说只能用，还
可以用来嵌花和刺绣。送上一块这样的手帕，鼓励
一下在忙于育儿的妈妈吧。

★ 材料
纱质手帕、25 号刺绣线、毛毡、丝带（扣圈用）

用安全别针仔细固定，防止手提袋脱落。

边角上加入扣圈。可以挂在婴儿车上，十分方便。

★ **嵌花图案**

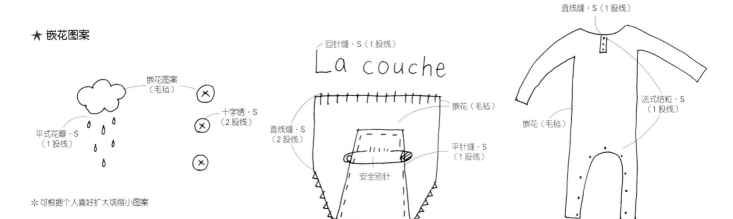

※ 可根据个人喜好扩大或缩小图案

妈妈和宝宝总是如影随形。购物、公园，不论去哪儿都是两个人。大多数时间都非常享受，但有时也会碰到坏天气、东西太多的时候……在陌生的地方也不知道怎么办，大家一定经历过这样的情况。为此，有经验的妈妈们制作一些外出时的便利物品，既能帮助妈妈解决困难，又透露着不一样的时尚品味。

吊带背背

小仓美子

颇受妈妈们欢迎、抱宝宝时用的"吊带背背"，但市售的大多数布料都是各种花样，难于搭配衣服，因此想要自己动手制作一件。透气性好，同时还考虑到肩部的负重，最终选择的棉麻材质。

★ 材料
表布 90×210cm、厚铺棉芯 25×35cm、内径 6cm 的吊带背背用圆环 2 个、25 号刺绣线

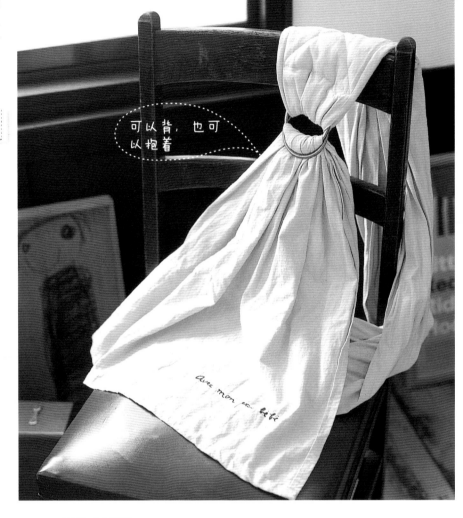

可以背，也可以抱着

帮忙碌的妈妈减轻负担。外出时绝不可少。

轮廓绣·S（2 股线）

avec mon petit bébé

★ 实物大图案

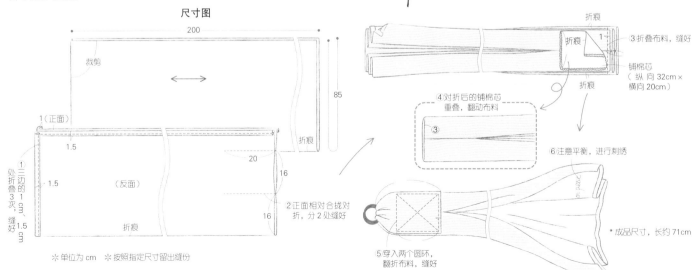

尺寸图

200

裁剪

85

1（正面）

1.5

1.5

（反面）

20

16

16

折痕

三边处折叠的 1cm，缝好

1.5cm

折痕

※单位为 cm　※按照指定尺寸留出缝份

③折叠布料，缝好

铺棉芯（纵向 32cm×横向 20cm）

折痕

折痕

折痕

④对折后的铺棉芯重叠，翻动布料

③

⑥注意平衡，进行刺绣

②正面相对合拢对折，分 2 处缝好

⑤穿入两个圆环，翻折布料，缝好

* 成品尺寸，长约 71cm

（出于安全因素，请务必使用吊带背背用圆环，并使用经过强韧度测试的布料进行制作）

用碎布拼接制作吧

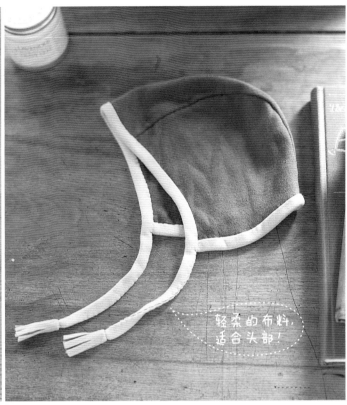

轻柔的布料，适合头部！

奶瓶袋

香川县 / 久保佐和子

里布采用经过覆膜加工的防水性布料。既可以给宝宝抱在手里，又方便从手提袋中取放，另外还配有长长的提手。喂奶时必要的毛巾（右）也可以一起放在袋中，非常方便。

★ 材料
主体表布 5 种，袋口表布、提手 30×20cm，里布用覆膜布料 30×40cm，花边，布标，15cm 的拉链 1 根

★ 实物大图纸见B面

护耳帽

小仓美子

避免让宝宝受外面风吹的护耳帽。使用轻柔的棉织布制成，能包住整个耳朵，妈妈可以安心。虽然是手工缝制，但弧形部分经过改良，制作起来也比较容易。

★ 材料
帽顶、侧面用棉织布 60×40cm，宽 1.1cm 的针织布条（两折型）90cm，糖用可水洗毛毡 10×5cm

★ 实物大图纸见A面

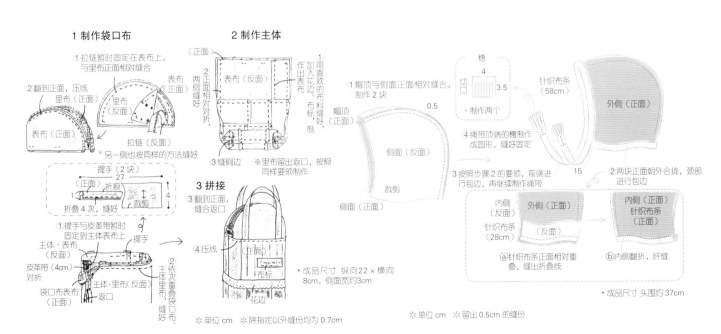

活泼可爱！
一起玩玩具吧

电动式的便利玩具、电视游戏、
闪闪发亮的塑料制品……
走在街上，各种各样的玩具层出不穷。
下面要为大家介绍的却是自己手工制作的布玩具。
亲手为孩子制作的玩具，
绝对不比买来的差哦！

傻笑、微笑、愤怒……各种表情

手指玩偶所用的材料是毛毡。用剪刀裁剪，压线后就 OK。

比起缝纫，说它是制作更为贴切。和妈妈一起，一会儿工夫动物园就完成了哦。

手指玩偶

京都府 / 北本敦子

儿子两岁的时候，北本小姐制作了这些手指玩偶。出去兜风、购物时，坐在车内难免无聊，所以才制作了 10 个玩偶。套在两只手上，一起讲故事吧。

★ 实物大图纸见B面

★ 材料（1 个的用量）
可水洗毛毡 20×10cm、25 号刺绣线、木工用黏合剂

将动物的头部拼接到布袋上就可以喽……

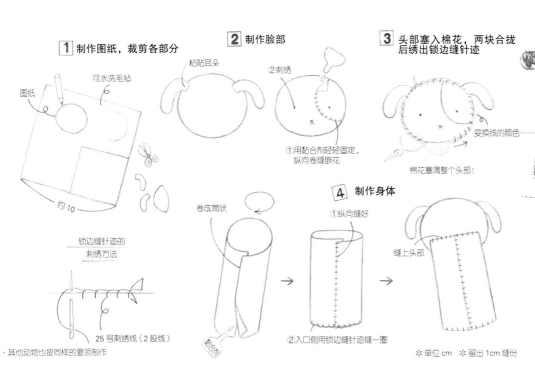

图案是孩子画的画哦

1 制作图纸，裁剪各部分

图纸
可水洗毛毡
约 10

2 制作脸部

粘贴耳朵
②刺绣
①用黏合剂轻轻固定，纵向卷缝嵌花

3 头部塞入棉花，两块合拢后绣出锁边缝针迹

变换线的颜色……
棉花塞满整个头部！

4 制作身体

卷成筒状
①纵向缝好
缝上头部

锁边缝针迹的刺绣方法

25 号刺绣线（2 股线）

· 其他动物也按同样的要领制作

②入口侧用锁边缝针迹缝一圈

※ 单位 cm　※ 留出 1cm 缝份

最爱绳带

宫城县 / 小原美和

线圈的反面缝上钮扣。把这个挂在婴儿床边上，宝宝会一个人玩得很开心。家务繁忙时能帮你分担一下哦。各种各样的绳带，既可以拉拽，又可以握在手里，宝宝肯定会爱上它的！

拉动布料和绳带，自由自在地玩耍。

1 制作小动物

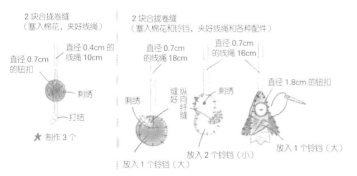

2块合拢卷缝
（塞入棉花，夹好线绳）

直径0.7cm的钮扣

直径0.4cm的线绳10cm

刺绣

打结

★制作3个

2块合拢卷缝
（塞入棉花和铃铛，夹好线绳和各种配件）

直径0.7cm的线绳18cm

缝纵向折缝

刺绣

放入1个铃铛（大）

直径0.7cm的线绳16cm

刺绣

放入2个铃铛（小）

直径1.8cm的钮扣

刺绣

放入1个铃铛（大）

★ 实物大图纸见B面

★ 材料

本白净色布料（表布上部、扣圈表布用）35×25cm，蜂巢布（表布下部用）35×25cm，印花布（里布用）35×45cm，边长35cm的四方形铺棉芯，毛毡（嵌花小动物用），宽4cm的斜裁布条2.7m，棉质布条宽2.5cm 两色各10cm，宽2cm 两色各15cm，直径0.7cm的线绳55cm、直径0.4cm的35cm，直径0.3cm的圆形皮筋3色各20cm，直径2.1cm的钮扣2颗，直径1.8cm的1颗、直径0.7cm的3颗，直径0.8cm的串珠4色，大、小铃铛各2个，25号刺绣线，棉花

2 制作主体和扣圈，拼接

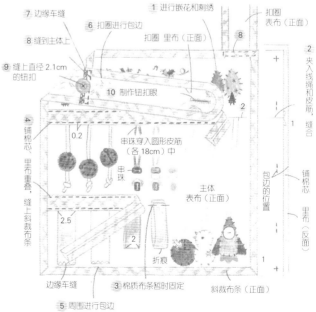

7 边缘车缝

1 进行嵌花和刺绣

扣圈 表布（正面）

6 扣圈进行包边

8 缝到主体上

扣圈 里布（正面）

8

2 夹入线绳和皮筋，缝合

9 缝上直径2.1cm的钮扣

10 制作钮扣眼

2

4 铺棉芯、里布重叠，缝上斜裁布条

0.2

串珠穿入圆形皮筋（各18cm）中

串珠

主体 表布（正面）

铺棉芯 里布（反面）

包边的位置

2.5

2

折痕

边缘车缝

3 棉质布条暂时固定

斜裁布条（正面）

5 周围进行包边

※ 单位cm ※除指定以外均需裁剪处缝份

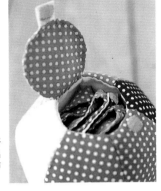

小球中有棉花，非常柔软。可以用它来玩过家家，放到盒子里当做礼物也不错哦。

小球的盖子用魔术贴开合。好了，来看看会出现什么颜色、带什么声音的小旗呢?

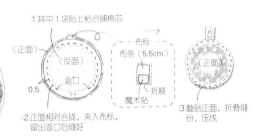

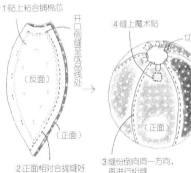

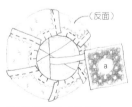

五彩小球

爱知县 / 榊原智子

看着大女儿一张接一张地抽着纸巾，让我有了制作五彩小球的灵感。像变戏法一样，从中飞处四方形的小旗。小旗中放入铃铛、鸣笛和玻璃纸，声音也随之飘动。

★ 实物大图纸见B面

★ 材料
外侧主体、盖子、小旗8种，内侧主体60×20cm，粘合铺棉芯70×45cm，布标用宽1.5cm的布条10cm，宽1cm的棉质布条10cm，宽1.5cm的魔术贴1.2cm，玻璃纸，鸣笛2个，直径2.5cm的塑料铃铛1个，棉花

1 制作小旗

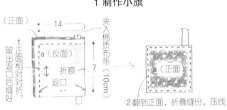

1 正面相对对折，留出返口后缝好

夹入棉质布条（10cm）

2 翻到正面，折叠缝份，压线

重叠 1

※ 按照同样的要领（不用夹入布条）制作b~e，拼接缝好
b…放入塑料铃铛 ＊制作1个
c…布料与玻璃纸（纵向9×8cm）
　重叠缝好 ＊制作2个
d…放入鸣笛 ＊制作2个
e…无任何东西 ＊制作6个

※ 单位 cm ※ 除指定以外均留1cm缝份

2 制作外侧主体

1 贴上粘合铺棉芯

开口侧缝至成品线处

切口

4 缝上魔术贴

（反面）

（正面）

2 正面相对对合缝好
※ 6块缝合

3 缝份倒向同一方向，再进行绗缝

3 制作内侧主体

（反面）

a

贴上粘合铺棉芯，夹入小旗a，再按照外侧主体的要领制作

4 制作盖子

1 其中1块贴上粘合铺棉芯

（反面）

返口

0.5

（正面）

布标（5.5cm）

布条

折痕

魔术贴

2 正面相对对合，夹入布标，留出返口后缝好

3 翻到正面，折叠缝份，压线

5 拼接

盖子

2 与主体魔术贴的位置对齐，缝上盖子

1 折叠外侧，正面朝外侧对齐，「コ」形缝合

内侧主体（正面）

棉花

3 剩余的部分缝到小旗a上

a

e

外侧主体（正面）

3 塞入适量的棉花

※ 成品尺寸直径约14cm

27

袋子

1 制作侧面

2 里布进行拼布

3 表布与里布正面相对合拢，
上下缝好

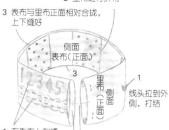

侧面
表布（正面）

里布
侧面
（正面）

线头拉到外
侧，打结

1 在表布上刺绣，
缝上花边和直径
0.7cm的钮扣

4 翻到正面，其中一
侧的缝份折到中间

5 插入缝份，纤缝

侧面
表布（正面）

2 制作底面

底面（正面）

底面（反面）

返口

1 两块布料正面相对合拢，与铺棉芯重叠，留
出返口后缝好

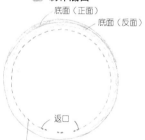

底面
（正面）

底面
（正面）

2 翻到正面，缝合返口

3 拼接

1 从内侧将底面与侧面"コ"形缝合

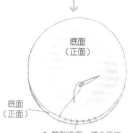

夹入麻质布
条（12cm）

2 缝上直径1cm的钮扣

★ 实物大图纸见B面

★ 材料（袋子和1个小布包的用量）
米褐色亚麻（袋子、小布包用）、边长15cm的四方形焦棕色棉
质印花布（侧面里布、小布包用），麻质印花布4种（侧面里布用）
各为边长10cm的四方形，边长20cm的四方形铺棉芯，宽1.2cm
的花边、宽1cm的麻质布条各15cm，直径1cm的钮扣1颗、
直径0.7cm的7颗，麻质刺绣线，小豆

数字小布包

兵库县 / 松冈信子

小布包不是以前玩的游戏吗？非也非也，
要用最受欢迎的亚麻制作出最漂亮的小布
包。每个小布包的尺寸都改小一些，刚好
够孩子用手捏住。刺绣的数字便于记忆，
还可以按顺序从1开始收纳整理,不错吧？

小布包

1 从正面进行刺绣

3 翻到正面，塞入小豆

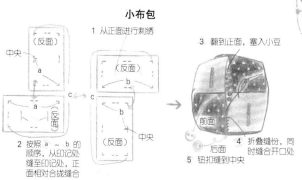

（反面）

中央

a

a

（反面）

b

c

c

（反面）

b

（反面）

中央

2 按照a～b的
顺序，从印记处
缝至印记处，正
面相对合拢缝合

后面

前面

4 折叠缝份，同
时缝合开口处

5 钮扣缝到中央

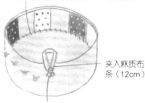

※ 单位 cm ※ 留出 0.7cm 的缝份

28

立体的四方形与圆形。简简单单,乐趣无穷!

★ **实物大图纸见A面**

★ **材料(1个的用量)**
主体6种各为边长15cm的四方形、嵌花
用毛毡、25号刺绣线、厨房用海绵

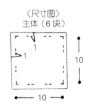

〈尺寸图〉
主体(6块)

1
10
← 10 →

1 制作基底

45
3.5

海绵
(裁剪成所需的尺寸)

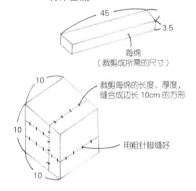

10
10
10
10

裁剪海绵的长度、厚度、
缝合成边长10cm的方形

用粗针脚缝好

2 制作主体

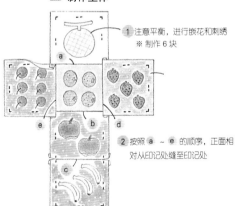

① 注意平衡,进行嵌花和刺绣
※ 制作6块

a

e   b   d

c

② 按照 a ~ e 的顺序,正面相
对从印记处缝至印记处

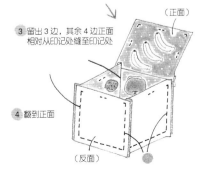

(正面)

③ 留出3边,其余4边正面
相对从印记处缝至印记处

④ 翻到正面

(反面)

3 完成

②③边纤缝

① 基底放入主体中

主体(正面)

※ 成品尺寸 约纵向10×横向10×高10cm

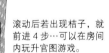

滚动后若出现桔子,就
前进4步…可以在房间
内玩升官图游戏。

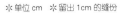

※ 单位cm ※ 留出1cm的缝份

水果花样的骰子

爱知县 / 榊原智子

布料中加入海绵,轻巧柔软,可滚动可投掷,撞到
也不会疼痛!数一数水果的数量,边玩边学哦。

29

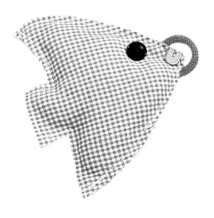

上：小球和瓶中放入铃铛。打中的时候就会发出叮铃铃的声音！
下：放入手提袋中，收拾整理。

动物和鱼的游戏。要不要和妈妈比一比？

★ 实物大图纸见B面

小鱼由两块碎布简单缝制而成。中间夹入铺棉芯，周围缝出锯齿形针迹。再加上钮扣眼睛，一下子就变得鲜活起来，让钓鱼的兴致高涨。

钓鱼套装

新潟县 / 小田玲子

线头的磁铁可以吸住小鱼嘴巴上的钩扣，或者是用线头顶端的钩子挂住小鱼嘴巴上的线圈，哪一种方法好呢？

这些是钓鱼的装备。想要成为钓鱼高手，就要掌握好两种方法哦。

左右两侧缝上按扣拉链。从中间对折，折叠成收纳袋一样携带。

★ 材料
（1 条鱼的用量）喜欢的布料 20×10cm、边长10cm 的四方形铺棉芯、钮扣 2 颗、嘴巴用绳带 5cm、钩子 1 对
（钓鱼竿）小棒、绳带 50cm 左右、磁铁、钓扣
（基底）蓝色布料 50×50cm、喜欢的碎布、按扣拉链 1m、宽 2cm 的绫纹布条 50cm（提手用）

小兔子和小熊的
保龄球

琦玉县 / 小林香

为了让年幼的兄妹俩一块儿玩，小林女士制作了这套玩具。小球中间塞有棉花，柔软轻巧，妹妹投出去打倒瓶子后，哥哥又会替她把瓶子再摆放好。

★ 实物大图纸见B面

★ 材料
（1个瓶子的用量）主体上部 20×10cm，主体下部、底面用毛毡 20×30cm，头部 15×10cm，外侧耳朵为边长 10cm 的四方形，内侧耳朵为边长 10cm 的四方形，宽 1cm 的花样 25cm，25 号刺绣线，弹珠，棉花，铃铛 1个

（小球）a·b·c 布各为边长 20cm 的四方形，棉花，铃铛 1个

※ 单位 cm ※ 留出 0.5cm 的缝份

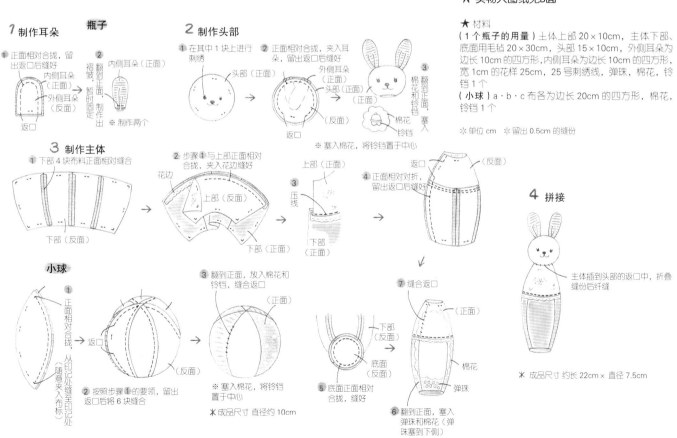

1 制作耳朵 / 瓶子

① 正面相合拢，留出返口后缝好

翻到正面，褶皱暂时固定，制作出 ※ 制作两个

内侧耳朵（正面）

内侧耳朵（正面）
外侧耳朵（反面）
返口

2 制作头部

① 在其中 1 块上进行刺绣

② 正面相对合拢，夹入耳朵，留出返口后缝好

外侧耳朵（正面）
头部（正面）
返口

③ 翻到正面，塞入棉花和铃铛

棉花
铃铛

※ 塞入棉花，将铃铛置于中心

3 制作主体

① 下部 4 块布料正面相对缝合

下部（反面）

② 步骤 ① 与上部正面相对合拢，夹入花边缝好

花边
上部（反面）
下部（正面）

③ 压线

④ 正面相对对折，留出返口后缝好

上部（正面）
下部（正面）
返口（反面）

⑦ 缝合返口

（正面）

⑤ 底面正面相对合拢，缝好

底面（反面）

⑥ 翻到正面，塞入弹珠和棉花（弹珠塞入下侧）

上部（正面）
下部（正面）
棉花
弹珠

4 拼接

主体插到头部的返口中，折叠缝份后纤缝

※ 成品尺寸 约长 22cm × 直径 7.5cm

小球

①
正面相对合拢
从印记处缝至印记处（随意夹入布标）
返口

② 按照步骤 ① 的要领，留出返口后将 6 块缝合

③ 翻到正面，放入棉花和铃铛，缝合返口

（正面）

（反面）

※ 塞入棉花，将铃铛置于中心

※ 成品尺寸 直径约 10cm

布艺绘本

福冈县 / 前田惠美子

孩子1岁生日时制作的布艺绘本。把家庭生活中的点滴制作成花样进行嵌花。布料、毛线、花边…使用不同触感的材料，让制作更快乐。

上侧为封面。每次翻开，前田一家三口的日常生活便呈现眼前。左侧为封面内侧，主人公仍旧是家里的3位成员（手指玩偶）。

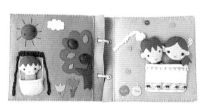

在公园玩累了（左），回家泡澡（右）！

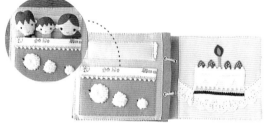

把手指玩偶放入被子里，让他们睡觉吧。

左侧为宝宝刚出生时的样子，谢谢你来到这个世界！

布艺绘本

S= 针迹

〈尺寸图〉

基底布料
厚毛毡（4块）

主体
毛毡（8块）

20

22.5 20

※ 在主体表面随意嵌入图案和进行刺绣

★ 实物大图纸见B面

★ 材料

（布艺绘本）厚毛毡 22.5×20cm 4块，边长20cm的四方形毛毡8块，铺棉芯65×35cm，直径1.1cm的金属扣眼8对，25号刺绣线，极粗毛线，喜欢的嵌花用配件

（儿童手指玩偶1个的用量）毛毡3种，直径0.3cm的串珠2颗，直径1.1cm的钮扣1颗，25号刺绣线，棉花

① 铺棉芯（各15×15）用黏合剂粘到主体反面

主体（反面） 基底布料

② 用黏合剂将步骤1的铺棉芯分粘贴到基底布料的两面

主体（正面）

③ 3边用锁边缝·S（3股线）缝好

主体（正面）

基底布料

④ 剩余的1边用锁边缝·S（3股线）缝到基底布料上
※ 另外一侧的1边也按同样的方法缝好

主体

基底布料

5.5
1.2

⑤ 安装金属扣眼

基底布料

※ 制作4块

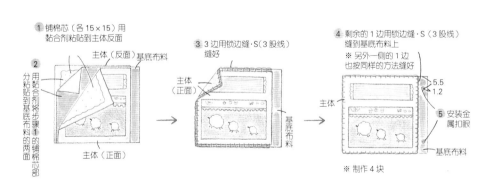

⑥ 4块重叠，金属扣眼中，毛线穿入，打结

手指玩偶

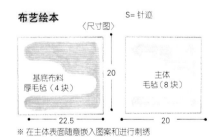

① 其中1块拼接刘海，制作出脸部

刘海
纵向纤缝
串珠
刺绣
头部

留出拼接衣服的位置

② 头部的两块布料合拢，夹入耳朵后缝好

塞入薄薄的棉花

脸部
耳朵

③ 衣服缝成圆环状

衣服

1.5

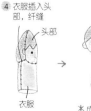

④ 衣服插入头部，纤缝

头部

衣服

⑤ 缝上钮扣

钮扣

※ 成品尺寸 全长约8cm

※ 成品尺寸约为 纵向20×横向22.5×厚6.5cm

※ 单位 cm ※ 均需裁剪

32

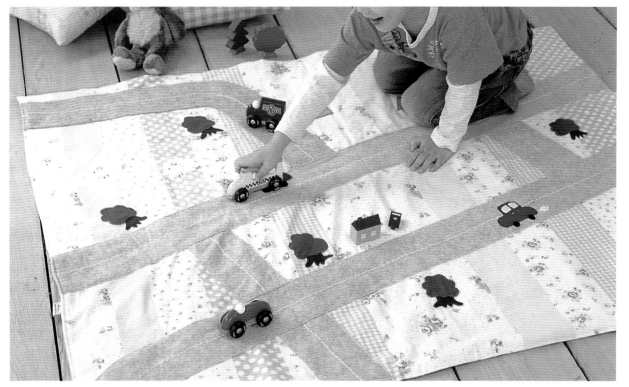

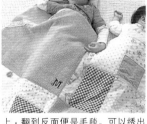

上：翻到反面便是毛毯。可以绣出十字绣针迹，或加入布标和花边做装饰。由于中间有铺棉芯，更显得轻轻柔柔。

左：道路选用的材质是灰色的毛毡，再绣出中间的白线。

★ 实物大图纸见B面

★ 材料
表布 1.3×1.1m，里布用拼布、铺棉芯 1.1×1.3cm，道路用毛毡、宽 6cm 的花边，布标用宽 2.5cm 的布条，宽 4cm 的布条，25 号刺绣线

娱乐垫

琦玉县 / 与泽慧

男孩子都喜欢会动的玩具。没错，最爱汽车。如果家中空间够大，可以在娱乐垫上嵌花缝出跑道，沿路还有树木、房屋、羊群……大概是遥远国度的乡间小路吧？

S= 针迹

① 随意将道路（宽 10cm）嵌入缝到表布上

② 道路中央用回针缝·S（6 股线）进行刺绣

③ 注意平衡，嵌入各个花样

⑦ 表布与里布正面相对合拢，夹入布标，留出返口后缝好

⑤ 里布与铺棉芯重叠

※ 用自己喜欢的布料缝合成里布，尺寸与表布相同。

⑨ 周围压线

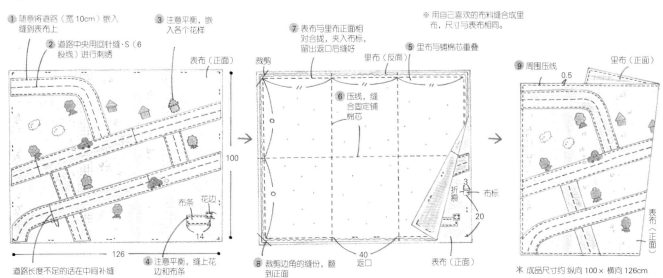

表布（正面）

里布（反面）

里布（正面）

裁剪

⑥ 压线，缝合固定铺棉芯

布标

折痕

3

20

0.5

100

布条　花边

14

126

里布（正面）

表布（正面）

道路长度不足的话在中间补缝

④ 注意平衡，缝上花边和布条

⑧ 裁剪边角的缝份，翻到正面

40 返口

表布（正面）

※ 成品尺寸约 纵向 100 × 横向 126cm

※ 单位 cm　※ 除指定以外均留 1.5cm 的缝份

小鸟放到身高数字的位置，固定挂好

用布条和钮扣装饰的苹果成熟了！

苹果树身高计

兵库县 / 森田三纪惠

每当测量身高时最能感受到孩子的成长。最大可测量值为160cm，身高计的部分带有魔术贴，可以将小鸟玩偶放到身高对应的数字位置。

★ 实物大图纸见C面

★材料
圆点印花布（基底A、扣圈用）110×95cm，边长50cm的四方形米褐色麻质（基底B用），宽2.5cm的棕色魔术贴25cm、米褐色35cm、绿色35cm（身高计的刻度用），红色条纹、小花图案印花布（苹果、包扣用）各为边长30cm的四方形，边长为30cm的四方形黄色格子布料（小鸟、包扣用），叶子、嵌花、包扣用布，边长85cm四方形的铺棉芯，钮扣2种，宽2cm的魔术贴（小鸟用），宽1.3cm的波纹布条（苹果b用），25号刺绣线，棉花

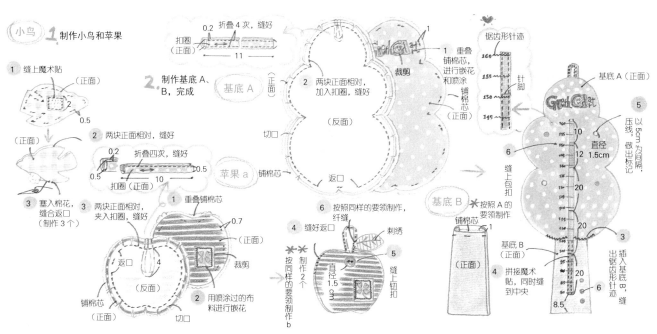

※单位 cm ※按指定尺寸留出缝份

挂毯周围绣出锁边缝针迹，不仅使布端更为结实，露出线的颜色，也突出了整个挂毯的张力。锁边缝针迹的缝法参见P25。

刻度为回针缝针迹。稍大一些，非常醒目。针迹的刺绣方法参照P66。

在嵌花图案上绣出各式针迹。链式、缎纹、法式结粒等颇具质感。各种针迹的刺绣方法参照P66。

身高计挂毯

琦玉县 / 河本正美

河本小姐寻找到一块边长 40cm 的四方形毛毡，于是想到用它做基底布料。孩子的成长都会留下每一个印记，因此以 1cm 为刻度标准进行刺绣。什么时候能长到最顶端的 160cm 呢？

★ 实物大图纸见B面

★ 材料
4 种颜色的毛毡各为边长 40cm 的四方形，嵌花用布各种，25 号刺绣线

刻度从 80cm 开始。在距离地板 80cm 的位置做出刻度标记，测量后挂到墙壁上。

35

简单的毛毡手工制作，人人都爱过家家。

在勺子中穿入绳带的话，立马可以变为手提包的装饰或者手机链哦。

杯装冰淇淋

静冈县 / 小盐直美

一口大小的冰淇淋，加入木质的小勺，完全呈现出实物感。棕色的颗粒是巧克力，是用串珠缝制而成，看起来也挺美味的吧？放入布丁型的容器里，招待客人吧。

★ 材料（1 个用量）
边长 8cm 的四方形米褐色毛毡，圆形小串珠，米褐色、棕色 25 号刺绣线，棉花，木质冰淇淋勺子，字母印章，直径 1cm 的白色圆形绳带

1

毛毡剪成直径 0.7cm 的圆形。

2

用 1 股米褐色的刺绣线在毛毡周围拱缝，塞入棉花后拉紧。

3

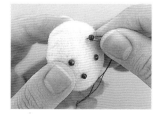

从收紧口处插入缝衣针，同时缝上串珠。

4

印有字母的勺子顶端涂上木工黏合剂，粘贴到步骤 *3* 上。再用锥子钻出眼，穿入圆形绳带后顶端打结。

香脆的姜粉曲奇

神奈川县 / 铃木纯

姜粉曲奇只是在圣诞节时用来做装点就太浪费了！按照一笔画的要领裁剪毛毡，每天都挂在屋里做装饰吧。小天使使用的是白色毛线，也是由一笔画制作完成，十分简单。

★ 实物大图纸见B面

★ 材料（1 个用量）
米褐色毛毡 15×20cm，普通毛线，夏日纱线（眼睛、嘴巴用），星形钮扣 3 颗，圆形小串珠，棉花，牙签，黏合剂

1
按照图纸裁剪毛毡后，画出小天使图案。用牙签蘸取黏合剂，沿线条适量涂抹。

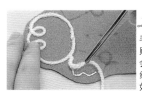

2
毛线放到黏合剂上方，贴好。使用镊子的话不会粘到手，弧形和脸部细微的部分也能处理好。

3
3 颗星形的钮扣缝到身体的中央做装点。事先需搭配好不同的颜色。

4
前面、背面正面朝外合拢，周围卷缝，塞入棉花。棉花均匀地塞到各个角落，使其蓬松。

5
订缝针脚上方缝上串珠，周围进行装点。需注意串珠的间隔要保持一致。

过家家套装

爱知县 / 榊原智子

孩子们对水果、零食总是充满了热情，专为他们制作。如预想的一样，能够牢牢抓住孩子们的心，大概是那些让人过目不忘的五颜六色吧。

放到容器中，还可以练习"好了，请吃"，"谢谢，我开动啦"等会话。

★ 实物大图纸见B面

★ 材料
（玉米）果实为边长 10cm 的四方形，玉米皮用毛毡 20×10cm，25 号刺绣线，棉花
（葡萄）果实 25×10cm，葡萄柄用边长 5cm 的四方形毛毡，棉花
（甜甜圈）毛毡 3 种，25 号刺绣线，棉花

S= 针迹

玉米

1 制作果实

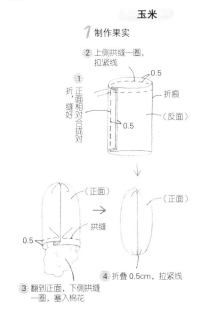

② 上侧拱缝一圈，拉紧线
0.5
① 正面相对合拢对
折痕
（反面）
0.5
折痕

③ 翻到正面，下侧拱缝一圈，塞入棉花

（正面）
（正面）
（正面）
拱缝
0.5

④ 折叠 0.5cm，拉紧线

2 拼接

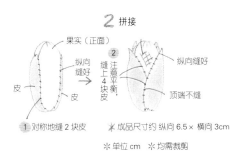

果实（正面）
②
纵向缝好
缝注意上4块平衡
纵向缝好
顶端不缝
皮
皮
皮

① 对称地缝 2 块皮

※ 成品尺寸约 纵向 6.5× 横向 3cm

葡萄

1 制作果实

（反面）
② 塞入棉花，拉紧线
0.5
（正面）
① 布端折叠，拱缝 ※ 制作 10 个

2 制作柄

① 卷起缝好固定 ※ 制作 2 个
②
缝合

3 拼接

① 注意果实平衡，缝合
1↑
5↑
3↑
② 缝上柄
1↑

成品尺寸约 纵向 8× 横向 4cm

甜甜圈

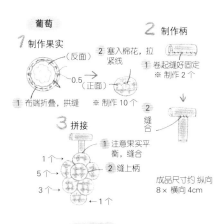

① 2 块合拢，缝内侧
锁边缝·S
（1 股线）
② 塞入棉花的同时，缝外侧
棉花

③ 在奶油上进行嵌花
④ 缝上奶油

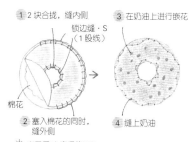

※ 成品尺寸 直径约 7.5cm

※ 单位 cm ※ 均需裁剪

羊毛毛毡的可爱甜点

福田理央

用顶端为波浪形的毛毡缝纫专用针（缝纫针）在羊毛毛毡上刺绣，整理形状。关键在于注意针的方向，仔细刺绣。

零失败 羊毛的处理方法

★材料
（左）毛毡毯…羊毛制作出条状，毛毡化的材料。
（中）毛毡羊毛…除去污渍，纤维按一定方向排列的材质。
（右）棉花…棉花状的羊毛，制作基底的重要材料。

毛毡的撕法

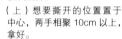

横向撕裂
（上）想要撕开的位置置于中心，两手相聚10cm以上，拿好。
（下）轻轻握住，两端成束用力抽拉。

纵向撕裂
手指放入想要撕开的位置，轻轻握住，向两侧撕开，顺着毛毡的方向。

撕开毛毡弄成圆形，再进行刺绣。

制作基底

1 将白色棉花状的羊毛撕成2块边长25cm的正方形，再各自2等分。

2 短边3等分折叠3次，再从顶端缠紧。

3 左手套上皮革顶针，从上方压按成高1cm左右的块状。用针插入缠绕的终点部分，再转动基底，对准中心均匀地刺绣。

4 针垂直插入上部，整平。整体富有弹力，直径小0.5cm左右也OK。

5 剩余的部分（棉花）也按同样的方法缠到步骤4的基底上，插入针。成品尺寸的标准是直径11cm。

完成

奶油

1 按一定顺序整理好白色的羊毛（毛毡羊毛），在撕成长20cm的条状。结合调整高度，缠到基底上。缠绕的终点处先轻轻插入针。

2 仔细用针在侧面刺绣缝好，使纵向的线条更笔直清晰，然后制作出馅饼的条纹。

3 以多于1cm的宽度为间隔，制作出纹路。扎入向中心深处，便能出现清晰的条纹。

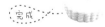

完成

条纹

1 翻转基底，将撕好的浅棕色薄毛毡（羊毛毛毡）放到底面上，刚好遮住，略有剩余。垂直插入针，固定到基底上。

2 基底再恢复到原来的样子，将底面余出的浅棕色毛毡拉起，沿条纹扎入针，固定。

3 步骤2上放入少量的焦糖色羊毛（毛毡羊毛），表现出烧焦的颜色。沿条纹扎入针，固定。

顶层的奶油

1 将撕裂的白色羊毛（毛毡羊毛）捻成细长状，周围摆放一圈，同时将它弄弯。

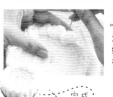

2 沿基底上部边缘，放上步骤1，插入针，缝好固定。不要缝得过多，需保持蓬松感。

完成

哈蜜瓜小球

1 长 10cm 的绿色羊毛（毛毡羊毛）撕下 1/4，从顶端折叠成紧密的三角形。

2 包住折叠终点，整理成圆形。针轻轻插入缠绕终点处，整体均匀的刺绣，缝制成直径约 2cm 的球形。

桔子

1 用条状羊毛（毛毡毯）制作的桔子。撕成长边为 10cm，短边为 5cm 的菱形。

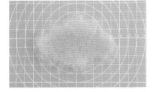

2 距离顶端宽约 1cm 处折叠。

3 按照插图的方向插入针，形成菱形。食指所压一侧的果肉稍微薄一些，另一侧则稍微厚一些。

草莓

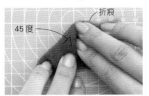

1 准备好 5×10cm 的红色条状羊毛（毛毡毯），纵横向对折。沿横长方向放好，参照图片，沿 45 度角方向折叠。接着保留同一顶点，折叠成圆锥状。

2 圆锥的底面为草棉的蒂，稍稍拉动侧面，整理形状。

3 底面与缠绕终点轻轻缝好固定，再在整体刺绣。与桌子接触的一面保持平整，用左手压住，按照插入的方向刺绣。

4 粉色的羊毛（毛毡羊毛）拉薄，盖住草莓的断面，再轻轻刺绣。

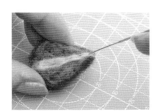

5 白色的羊毛（毛毡羊毛）弄成细束状，放到断面中央。从蒂一侧拉紧刺绣的话，顶端会更加精致，更逼真。

木莓

1 胭脂色的羊毛（毛毡羊毛）撕碎，弄成芝麻状的圆形。

2 集齐 30 粒左右后，放到手心弄成圆形，粘合成一个整体，完成。

香蕉

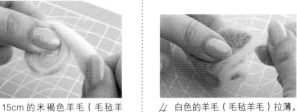

1 15cm 的米褐色羊毛（毛毡羊毛）撕成 1/4 长。用大拇指和食指夹住，展平的同时卷成椭圆形。

2 插入针，调整椭圆形，然后把棕色的羊毛（毛毡羊毛）弄成细长的圆形，制作出 3 颗种子。

3 种子摆放到中央，呈 Y 字型，刺绣固定。

奇异果

1 用不足 2cm 的绿色羊毛（毛毡羊毛）折叠成直角等边三角形。

2 终点处轻轻刺绣固定。用左手压住，3 边的侧面刺绣，整体成扇形。

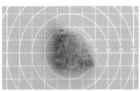

3 处理夹直角的两边时，将针插入与边相对的直角中。画出平缓的弧线。

4 白色的羊毛（毛毡羊毛）拉薄，盖住边角，刺绣固定。

5 焦糖色的羊毛（毛毡羊毛）弄成圆形，制作成籽，沿白色的部分缝好固定。

水果完成后即可！

注意整体的平衡，放上水果，用针刺绣固定。

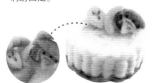

温馨欢乐的圣诞节，用手工制作的玩具来装点家族纪念日吧！

雪人

神奈川县 / 中上有希

纯白轻柔的铺棉芯是最适合制作雪人的材料。不需要图纸，随意将铺棉芯裁剪成自己喜欢的尺寸，放到基底上即可。之后再加上围巾和帽子，表情更丰富哦！

加上红色的脸蛋，看起来总是微笑着……让人倍感温暖。

★ 材料
铺棉芯 10×20cm、圆形大串珠 2 颗、黑色棉线（刺绣用）、棉花、小树枝、胭脂、喜欢的装饰、黏合剂、锥子

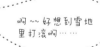

啊～～好想到雪地里打滚啊……

三角帽、针织帽……围上围巾更漂亮，花点心思添加各种配饰看看吧。

家人的生日，或是一年交替忙碌紧张的正月，这些重要的日子都想过得有意义。还有……没错，大家都喜欢的圣诞节。装饰圣诞树、准备礼物、吃蛋糕，活动丰富多样，但大家难得聚在一块儿，要不来试着制作一下我们家专属的布艺玩具吧。制作玩具的过程，也是创造回忆的过程，肯定能成为孩子们铭记一生的日子。

1

准备好2块直径裁剪成7cm的铺棉芯。距离布端0.5cm的位置分别拱缝。

2

塞入揉成圆形的棉花，拉紧线。同样方法制作2个。

3

拉紧的部分缝合。用细针脚仔细缝好，固定。

4

用棉线缝好串珠眼睛，一针长针脚绣出嘴巴。打结时用力拉紧线，将结头藏到其中。

5

嘴巴和两手的位置用锥子凿出小孔。两手左右对称，鼻子位于两眼中央。

6

两手、鼻子用的小树枝上涂抹黏合剂，插入步骤*5*的小孔中。黏合剂过多的话会溢出来，需要注意。

7

脸颊涂上颜色，更显可爱。用细笔一点点重复涂抹。

★ 基底的实物大图纸见A面

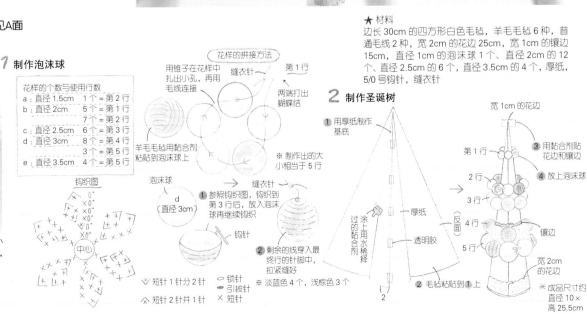

蓝色的结头是不是也很可爱啊

甜美的圣诞树

菊池志穗

圣诞树的装饰主要是马卡龙。羊毛毡和钩针钩织的毛线缠到泡沫球上，不论视觉还是触感都充满温暖。

★ 材料

边长30cm的四方形白色毛毡，羊毛毡6种，普通毛线2种，宽2cm的花边25cm，宽1cm的镶边15cm，直径1cm的泡沫球1个、直径2cm的12个、直径2.5cm的6个、直径3.5cm的4个，厚纸，5/0号钩针，缝衣针

1 制作泡沫球

花样的个数与使用行数

a：直径1.5cm	1个 = 第2行
b：直径2cm	5个 = 第1行
	7个 = 第2行
c：直径2.5cm	6个 = 第3行
d：直径3cm	8个 = 第4行
	3个 = 第5行
e：直径3.5cm	4个 = 第5行

用锥子在泡沫球上扎出小孔，穿入极粗毛线做装饰，还可以用作迷你花环。

花样的拼接方法

用锥子在花样中扎出小孔，再用毛线连接

缝衣针

第1行

两端打出蝴蝶结

羊毛毡用黏合剂粘贴到泡沫球上

※制作出的大小相当于5行

钩织图

中心

∨ 短针1针分2针
∧ 短针2针并1针
○ 锁针
● 引拔针
× 短针

泡沫球
d 直径3cm

① 参照钩织图，钩织到第3行后，放入泡沫球再继续钩织

钩针

② 剩余的线穿入最终行的针脚中，拉紧线即可

缝衣针

※淡蓝色4个，浅棕色3个

2 制作圣诞树

① 用厚纸制作基底

② 毛毡粘贴到①上

宽1cm的花边

③ 用黏合剂贴花边和镶边

④ 放上泡沫球

第1行
2行
3行
4行
5行

镶边

宽2cm的花边

涂上用水稀释过的黏合剂

厚纸

透明胶

反面

※成品尺寸约直径10×高25.5cm

41

一年才有一次的圣诞节……

圣诞老人套圈

滋贺县 / 山田由纪子

间隔一定距离，投掷绳子圆环的游戏。圣诞老人会倒掉？不会不会，不用担心！身体是用装入弹珠的塑料瓶制作而成，具有良好的稳定性。而有一定重量的圆环才能飞得远，因此使用粗且结实的绳子制作。

把绳子套在我身上哦～～

绳子制作成圆环形，用线缠好，然后在接头处缝上包扣遮掩。刺绣出圣诞树和房屋，细节部分也充满圣诞气息。

★ 材料
红色蜂巢布 45×35cm，条纹针织布 40×15cm，肤色针织布，边长 20cm 的四方形包扣用布，边长 45cm 的厚粘合芯，羊毛毛毡，白色毛毡，宽 1.5cm 的布条 45cm、宽 1.8cm 的 30cm，直径 1.6cm 的包扣 1 颗、直径 3cm（投掷圆环用的）的 3 颗，直径 0.6cm 的高脚钮扣 2 颗，25 号刺绣线，棉花，直径 6cm 的泡沫球，弹珠，塑料瓶，绳子 1.5cm，厚纸

★ 实物大图纸见C面

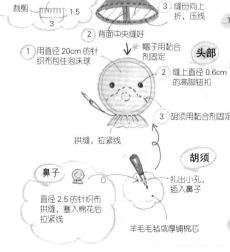

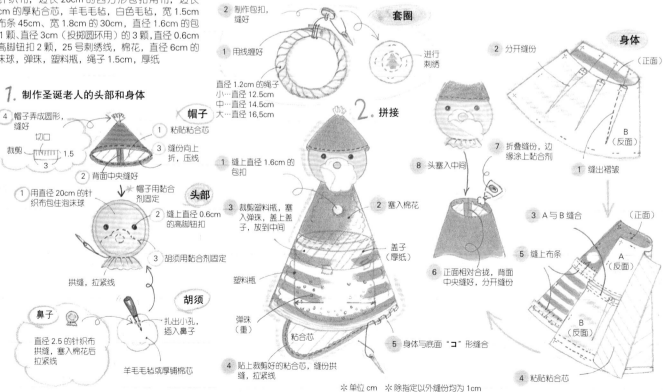

1. 制作圣诞老人的头部和身体

帽子

④ 帽子弄成圆形，缝好
切口
裁剪
1.5
3

① 粘贴粘合芯
② 缝份向上折，压线
② 背面中央缝好
帽子用粘合剂固定

头部
① 用直径 20cm 的针织布包住泡沫球
② 缝上直径 0.6cm 的高脚钮扣
③ 胡须用粘合剂固定
拱缝，拉紧线

鼻子
直径 2.5 的针织布拱缝，塞入棉花后拉紧线

胡须
扎出小孔，插入鼻子
羊毛毛毡或厚铺棉芯

套圈
② 制作包扣，缝好
① 用线缠好
进行刺绣
直径 1.2cm 的绳子
小…直径 12.5cm
中…直径 14.5cm
大…直径 16.5cm

2. 拼接

① 缝上直径 1.6cm 的包扣
② 塞入棉花
③ 裁剪塑料瓶，塞入弹珠，盖上盖子，放到中间
盖子（厚纸）
塑料瓶
弹珠（重）
④ 贴上裁剪好的粘合芯，缝份拱缝，拉紧线
粘合芯
⑤ 身体与底面 "コ" 形缝合

⑧ 头塞入中间
⑦ 折叠缝份，边缘涂上粘合剂
⑥ 正面相对合拢，背面中央缝好，分开缝份

身体
② 分开缝份
（正面）
B（反面）
① 缝出褶皱
③ A 与 B 缝合
（正面）
⑤ 缝上布条
A（反面）
B（反面）
④ 粘贴粘合芯

※ 单位 cm　※ 除指定以外缝份均为 1cm

幸运花环

东京都 / 植村润子

花环基底所用材质为轻质泡沫圆环（可以在手工店、材料店中购买），裁剪后用布料包住。这些小配饰要怎么摆放呢？来看看孩子们甜蜜的烦恼吧。

身高 3cm 左右的小熊可是纯手工制作哦

1. 制作基底

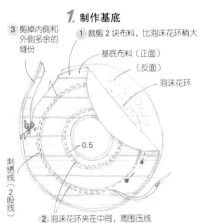

③ 剪掉内侧和外侧多余的缝份

① 裁剪 2 块布料，比泡沫花环稍大

基底布料（正面）

（反面）

泡沫花环

0.5

刺绣线（2 股线）

② 泡沫花环夹在中间，周围压线

2. 制作配饰

心形
③ 翻到正面，塞入棉花，缝合返口
① 用中细毛线进行刺绣
④ 用 2 股刺绣线绣出锁边缝·S
② 正面相对合拢，留出返口后缝好

明信片
① 进行嵌花和刺绣
② 正面相对合拢，留出返口后缝好
③ 翻到正面，缝合返口
木质夹子
④ 压线
刺绣线 2 股线
1 股刺绣线

POST CARD TO Santaclaus

头部
① 头部与头部中央的对齐印记（♥~♥）缝好
② 头部中央（反面）
前面中央缝好
头部（反面）
S= 针迹

小熊
⑥ 按照耳朵的方法缝好，用黏合剂固定
⑤ 折叠缝份，缝上耳朵
④ 脸部进行刺绣
缎纹·S（2 股线）
① 缝上头部和躯干
② 缝上手、腿和躯干
③ 翻到正面，塞入棉花，最后用咖啡浸染
直线缝·S（2 股线）

耳朵
① 正面相对合拢缝好，翻到正面

腿部
参照腿部制作手和躯干
① 正面相对合拢，留出返口后缝好
② 塞入棉花
③ 腿部底面缝好
折叠缝份
翻到正面

雪人
① 进行刺绣
② 插入小树枝
③ 正面相对缝合。翻到正面，塞入棉花，缝合返口。
④ 制作帽子，用黏合剂固定
折叠缝份

袜子
① 进行刺绣
② 正面相对缝合，翻到正面
③ 绣出锁边缝·S
④ 穿入极细的毛线
打结
※ 制作 2 个

3. 拼接

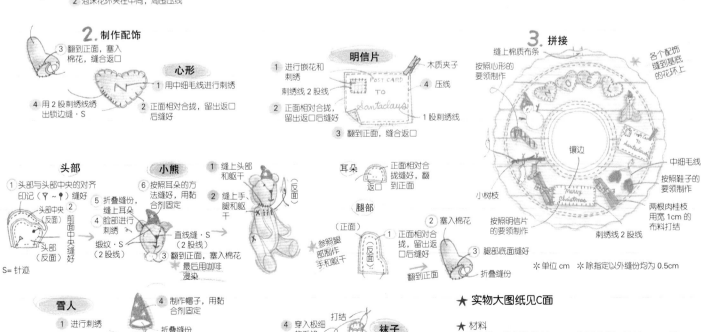

缝上棉质布条
按照心形的要领制作
各个配饰缝线到基底的花环上
镶边
小树枝
按照明信片的要领制作
中细毛线
按照鞋子的要领制作
两根肉桂枝用宽 1cm 的布料打结
刺绣线 2 股线

※ 单位 cm ※ 除指定以外缝份均为 0.5cm

★ 实物大图纸见C面

★ 材料
基底布料 2 种各为边长 35cm 的四方形，边长 20cm 的四方形米褐色羊毛（心形、镶边用），边长 15cm 的四方形本白色（小熊用）、纯白色（雪人用），碎布，宽 1cm 的棉质布条 6cm，25 号刺绣线，各种毛线，棉花，直径 25cm 的泡沫花环，木质夹子，肉桂枝，小树枝

43

压倒也没关系！
欢迎来到玩具天堂

孩子都是在妈妈的怀抱中长大。
自己小时候也总想在怀里抱着个小东西。
和它说话，和它做朋友……
用布料制作的玩具，
肯定能满足孩子们的这个愿望。

 要这样摆造型……

或坐着，或歪着头，都可以用手调整方向。拧扭过的部分插入针后便可固定，可尽量的换角度。

拉布拉多犬

长久保信子

直直地站立着、精神奕奕地散步、小睡一觉或是呆呆地坐着，歪扭着脖子和腿，摆出各种姿势的狗狗。掌心般的大小，迷你可爱。

用毛毡制作，可以摆出任何造型。

★ 原毛材料
浅米褐色的原毛约 7g，深米褐色和鼻子用的黑色各少许

★ 其它材料和工具
填充物（针可插入到中心的厚度），中细绳带（中空型）5.5cm 4 根，3~4mm 的玻璃眼，2 根直径 1.6cm 的铝丝 18cm，最后修整用的剪刀、钳子（尖嘴钳），缠绕原毛用的针（毛毡拼布用）

制作骨架

1

A 两根铁丝中心交叉，左右对称拧扭 5cm，形成 H 形后，分别将两侧的两根铁丝展开。拧过的部分作为躯干，展开的部分作为腿。

B 绳带穿入铁丝中，绳带顶端超出的铁丝留出 2cm 后剪断。再用钳子将铁丝顶端扭弯，使绳带固定，不会脱出。剩余的 3 根也按同样的方法制作。

腿和躯干

1
浅米褐色的原毛展开为直径 6cm 左右的薄圆形。

2
将步骤 /缠到骨架的腿骨，放到填充物上，扎入针固定。

3
剩余的 3 条腿也按同样的方法制作。

4
腿扭弯成 U 字型，制作前腿和后腿。原毛撕成宽约 3cm × 长 17cm 的条状，紧紧缠绕到躯干上，再插入针固定。

5
如果原毛不足，可按照图示的方法整理躯干的形状。

制作头部

1
将宽约 6cm 的条状原毛从顶端紧紧攒成圆形，作为头部的内芯。

2
插入针，同时再与条状原毛重叠，制作成直径 2.5cm 的球状。

3
插入针的针脚周围呈凹陷状。完成额头和鼻子部分。

拼接躯干和头部

1
颈部底侧放上薄薄的原毛，代替黏合剂，用针轻轻的压按。

2
放上头，用步骤 /的原毛包住，同时扎针。

3
用尺寸约为 2×15m 的条状原毛紧紧缠住颈部，用针调整。

4
脐部和臀部原毛稍微多一些，弄成圆形。后腿侧的肚子处扎针，使躯干张弛有度。

拼接耳朵

1
原毛折叠成宽约 6cm 的条状，再制作成 1 边长约 3cm 的三角形。此时与稍浅一些的米褐色原毛重叠，衬托出立体感。其中一个角从正、反两面扎针，调整形状。

2
步骤 /顶端折叠 1.5cm，扎针后折叠出印痕。另一侧也按同样的方法折叠。

3
耳根放到头部稍后方，扎针后固定。拼接时要从正面确认耳朵的位置。

拼接尾巴、眼睛、鼻子

1
尾巴由宽 6cm 的条状原毛缠成，整理其中一侧的形状。用指尖将黑色的原毛攒成直径 5cm 的圆形，作为鼻子。

2
尾巴放到臀部，扎针后拼接到臀部。尾巴尖朝上，用手捏住。

3
左右两只玻璃眼穿过后头部，斜着插入。

4
露在外侧的铁丝留出 2mm 后剪断，顶端用钳子扭弯。

5
鼻子拼接到头部。鼻子周围扎针，使其圆润蓬松。

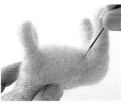

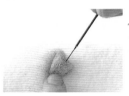

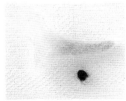

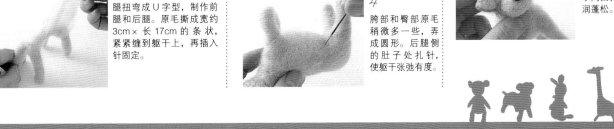

棉花的多少影响到表情的变化，塞入时需注意整体平衡。

★ 材料
边长 35cm 的四方形小羊皮，服装布料 3 种，宽 1.2cm 的花边 30cm，宽 0.2cm 的扁平绳带 35cm，羊毛装饰 1 个，布标 1 块，25 号刺绣线，手缝线，弹珠，棉花

★ 实物大图纸见C面

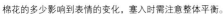

阿福

德岛县 / 镰仓惠

镰仓女士以儿时饲养过的猫咪为原型，生动还原了当时猫咪撒娇的样子。如今看来仍会让人忍俊不禁。阿福就就是微笑的种子。

※仅衣服领口的缝份为 1.5cm，其余部分除指定外均为 0.5cm

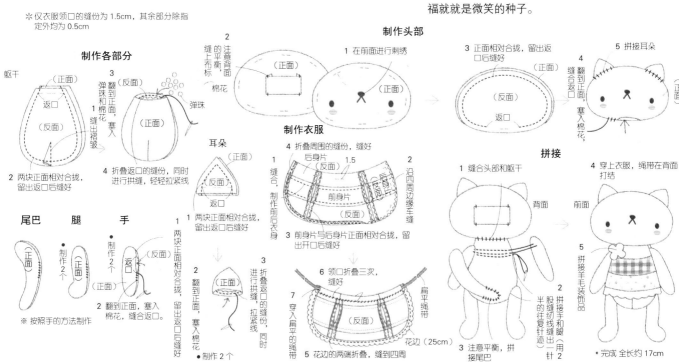

制作各部分

制作头部

制作衣服

拼接

* 完成 全长约 17cm

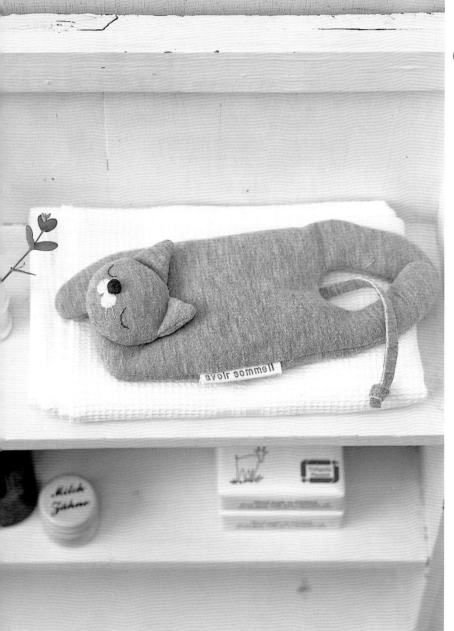

懒洋洋的猫咪

大阪府 / 赤泽幸子

用孩子不穿的衣物制作而成的猫咪，懒洋洋的无力感非常有魅力哦。材质具有伸缩性，可以摆出各种各样的姿势，好温和啊。

肉垫很吸引人，用4块剪成圆形的毛毡粘贴而成。

头部不用固定，用线与身体连接即可。这样方便颈部歪斜，易于摆出各种样子。

伸伸懒腰~~腹部用拼布进行嵌花。

★ **材料**
头部、躯干、耳朵、尾巴用边长 35cm 的四方形针织布，鼻子用碎布，毛毡，嵌花用布 3 种，宽 1cm 的花边 2 种各 15cm，25 号刺绣线，布标，棉花，弹珠

★ 实物大图纸见C面

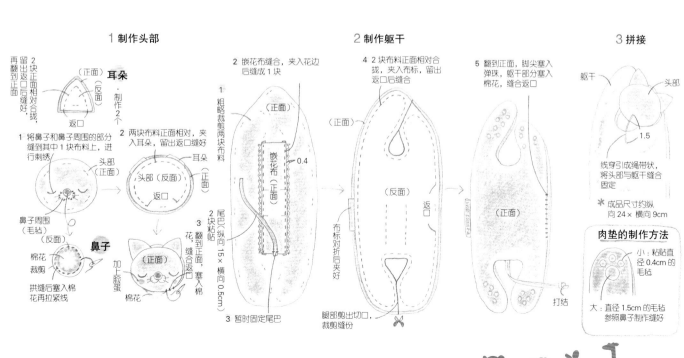

1 制作头部

2 块布正面相对合拢，留出返口缝好，再翻到正面

耳朵

（正面）
（反面）
· 制作2个
返口

1 将鼻子和鼻子周围的部分缝到其中 1 块布料上，进行刺绣

头部（正面）

2 两块布料正面相对，夹入耳朵，留出返口缝好

头部（反面）
耳朵（正面）
返口

鼻子周围（毛毡）（反面）

鼻子

棉花裁剪

拱缝后塞入棉花再拉紧线

3 翻到正面，塞入棉花缝合返口

加上脸蛋

（正面）

棉花

2 制作躯干

2 嵌花布缝合，夹入花边后缝成 1 块

1 粗略裁剪两块布料

嵌花布（正面）
0.4

尾巴（纵向 15× 横向 0.5cm）
2 块粘贴
3 暂时固定尾巴

4 2 块布料正面相对合拢，夹入布标，留出返口后缝合

（反面）

布标对折后夹好

腹部剪出切口，裁剪缝份

打结

3 拼接

5 翻到正面，脚尖塞入弹珠，躯干部分塞入棉花，缝合返口

（正面）

返口

躯干
头部
1.5

线穿引成绳带状，将头部与躯干缝合固定

✳ 成品尺寸约纵向 24× 横向 9cm

肉垫的制作方法

小：粘贴直径 0.4cm 的毛毡

大：直径 1.5cm 的毛毡参照鼻子制作缝好

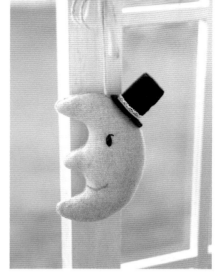

背面为蓝色的布料，雨天的时候翻过来，品味不一样的表情。

小兔

※ 留出 0.5cm 的缝份

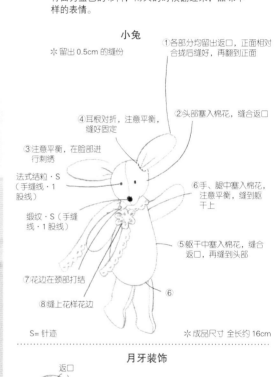

①各部分均留出返口，正面相对合拢后缝好，再翻到正面

②头部塞入棉花，缝合返口

④耳根对折，注意平衡，缝好固定

③注意平衡，在脸部进行刺绣

法式结粒·S（手缝线·1股线）

缎纹·S（手缝线·1股线）

⑥手、腿中塞入棉花，注意平衡，缝到躯干上

⑤躯干中塞入棉花，缝合返口，再缝到头部

⑦花边在颈部打结

⑧缝上花样花边

S= 针迹

⑥

※ 成品尺寸 全长约 16cm

月牙装饰

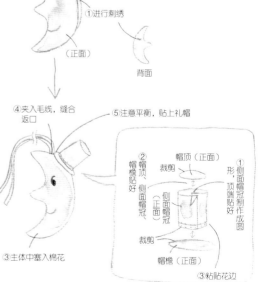

返口

②2 块正面相对合拢，留出返口后缝好，再翻到正面

①进行刺绣

（正面）

背面

④夹入毛线，缝合返口

⑤注意平衡，贴上礼帽

②帽顶、侧面帽冠贴好

①侧面帽冠制作成圆形，顶面帽冠贴好

帽顶（正面）

裁剪

侧面帽冠（正面）

③主体中塞入棉花

裁剪

③粘贴花边

帽檐（正面）

赏月小兔和月牙装饰

东京都 / 宫寿惠

兔子住在月亮上，我们做年糕是因为……你是否也给孩子讲过这个故事呢？顺着梯子爬下，就像从月亮上降临一般，更有心跳紧张的感觉。

★ 材料

小兔：边长 30cm 的四方形摇粒绒，宽 0.9cm 的花边 30cm，直径 2.5cm 的花样花边 1 块，粗手缝线，棉花

月牙装饰：主体用羊毛 2 种各 10×15cm，边长 10cm 的四方形礼帽用毛毡，宽 0.5cm 的花边 10cm，普通毛线 1m，25 号刺绣线，棉花

★ 实物大图纸见D面

※ 成品尺寸 全长约 14cm

※ 除指定以外缝份均为 0.5cm

眼神温柔的兔子先生，可悬挂可端坐……

端坐的兔子

琦玉县 / 赤尾贵代江

材料为建材超市所售的劳动手稿。手感有些粗糙，但与穿梭于山林的兔子们颇为相符。钮扣和碎布制作的围巾有突出装点的效果。

塞入棉花的多少决定了臀部的位置。坐下后再拼接尾巴。

螺纹边缘的绿色直接用作颈部。

手指部分用作耳朵、手、腿和尾巴。先折叠到内侧再进行缝制，成品更漂亮。

★ 材料
劳动手套1双，围巾用碎布，直径1cm的钮扣2颗，棉花，弹珠

★ 实物大图纸见D面

1 劳动手套裁剪为各部分

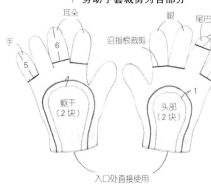

耳朵
手
腿
尾巴
沿指根裁剪
2
6
5
5
1
手
手
躯干（2块）
头部（2块）

入口处直接使用

2 制作各部分

尾巴
棉花
（正面）
塞入棉花，缝好拉紧

手
塞入棉花，按照耳朵的方法制作
（正面）

耳朵
（正面）
1
压线
（正面）
2 裁剪的顶端折叠后再折叠两端，缝好固定
3 进行刺绣
4 拼接耳朵

腿
棉花
（正面）
塞入棉花后缝好

躯干
返口
（反面）
（正面）
腿
2 块正面相对，夹入腿后缝好，再翻到正面

头部
（反面）
（正面）
（正面）
返口
1 两块正面相对合拢，缝好

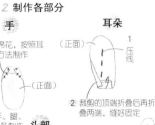

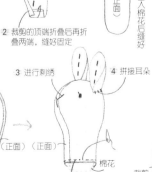

※ 手、腿、耳朵各制作2个

2 翻到正面，塞入棉花，缝合拉紧返口

棉花
2 翻到正面，塞入棉花，缝合拉紧返口

3 拼接

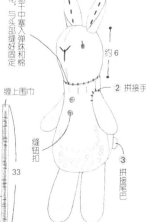

1 躯干中塞入弹珠和棉花，与头部缝好固定

缠上围巾

33
裁剪

约6
2 拼接手
缝钮扣
3 拼接尾巴

※ 成品尺寸 全长约26.5cm

※单位 cm ※除指定外缝份均为1cm

外形简单，两个都非常简单！

白山羊和黑山羊是好伙伴

东京都 / 濑古典子

白山羊是用毛巾布料，黑山羊是羊毛质地，材料不同呈现出不一样的质感。然后将毛线制作的胡须解开，耳朵和尾巴则是用苏格兰毛呢制作，碎布的使用非常有特点。

送信的白山羊

★ 材料

（白山羊）头部、外侧耳朵、躯干、尾巴用边长25cm的四方形毛巾布料，内侧耳朵、尾巴用边长10cm的四方形苏格兰毛呢，碎布，毛毡，25号刺绣线，中细毛线3种，棉花

★ 实物大图纸见C面

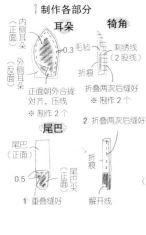

1 制作各部分

耳朵

内侧耳朵（正面）
外侧耳朵（反面）
0.3
毛毡
折痕

正面内外合拢对齐，压线
※ 制作2个

犄角

刺绣线（2股线）
折痕
折叠两次后缝好
※ 制作2个
2 折叠两次后缝好

尾巴

尾巴（正面）
0.5
尾巴夹
尾巴（正面）
1 重叠缝好
解开线

2 制作身体

前面

缝合位置
头部（反面）
2 头部与躯干正面相对合拢，缝至印记处
躯干（反面）

毛线（各5cm）
打结 3根
前面夹入毛线

1 躯干2块布料正面相对合拢缝好
2 2根毛线打结
耳朵打折

避开缝份缝好
折痕

前面（正面）
返口
背面（反面）

※ 背面也按照同样的制作，留出返口后缝好

（正面）

4 翻到正面，塞入棉花，缝合返口

3 2块正面相对合拢，夹入毛线和耳朵缝好

3 拼接

2 注意整体平衡，用毛线在脸部进行刺绣
1 缝上犄角

1出 3出 2入
5出 7入 9出 6入
4入 8入 10入

缎纹针迹

3 解开毛线
4 缝好固定尾巴
5 信件缝好固定

3 在手、腿进行刺绣

信件

折山
碎布
折叠毛毡
用刺绣线（2股线）缝好，再缝上碎布

※ 成品尺寸 全长约14cm

1出 3出 5出
（正面） 2入 4入 6入
毛线

后面也在5、6的纵向进行刺绣

※ 头部、身体留0.5cm的缝份，其余适量裁剪

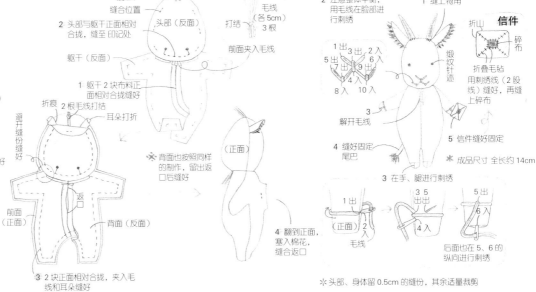

温柔的小驴

千叶县 / 加藤敬子

利用制作婴儿服或围兜剩余的碎布便可。心地善良的小驴，可以捏住它的角吗？印象中，小驴总是出现在不莱梅的乐队中。

外形简单，反面可以选择碎花布料，或者用花边做成鬃毛。

★ 材料
身体 30×20cm，布标，宽 2.2cm 的花边 5cm，8号刺绣线，棉花

★ 实物大图纸见D面

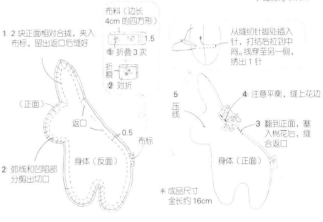

※ 缝份为 0.5cm

布料（边长 4cm 的四方形）

1 2块正面相对合拢，夹入布标，留出返口后缝好
① 折叠 3 次
折痕
② 对折
1.5

（正面）
返口
0.5
布标

2 弧线和凹陷部分剪出切口

身体（反面）

从缝纫针脚处插入针，打结后拉到中间。线穿至另一侧，绣出1针

5 压线

4 注意平衡，缝上花边

3 翻到正面，塞入棉花后，缝合返口

身体（正面）

※ 成品尺寸 全长约 16cm

瘦高的长颈鹿

小仓美子

细长的脖子，大小刚好可以用手握住。眼睛不是串珠而是刺绣线，捏住头直接塞到嘴里也没关系。

★ 材料
身体用边长 30cm 的四方形麻布，耳朵、腹部用可水洗毛毡 10×15cm，羊毛刺绣线 2 种，棉花

★ 实物大图纸见D面

手感极佳的亚麻材质，拿起来就不想放下。

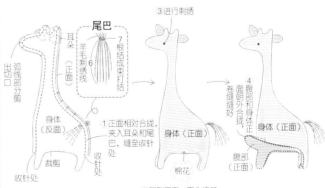

尾巴
7 根结成束打结
6 羊毛刺绣线

耳朵
羊毛刺绣线
（正面）

出切口

弧线部分剪

身体（反面）

裁剪

收针处

1 正面相对合拢，夹入耳朵和尾巴，缝至收针处

收针处

棉花

3 进行刺绣

身体（正面）

4 腹部和身体正面朝外合拢，卷缝缝好

腹部（正面）

身体（正面）

2 翻到正面，塞入棉花

※ 除指定以外缝份为 0.5cm

※ 成品尺寸 全长约 24cm

零零碎碎的布头，像拼布一样缝合……

迎宾小熊

奈良县 / 北谷敦子

一起来立体拼布吧，材料为颜色各异的碎布。北谷女士用平日收集的碎布制作而成，非常可爱，用做礼物送人也非常不错啊。

★材料
碎布10种，直径0.5cm的串珠2颗，直径0.8cm的钮扣2颗，25号刺绣线，棉花

★实物大图纸见C面

用钮扣固定的腿部可以自由移动，这样笔挺地站着也很可爱啊。

※缝份为0.8cm

1 制作各部分

耳朵
※制作2个

内侧耳朵（反面）　外侧耳朵（正面）　内侧耳朵（正面）
折叠
返口
①外侧耳朵和内侧耳朵正面相对合拢，缝好
②翻到正面，拱缝后拉紧线

头部
②步骤①与头部中央正面相对合拢，缝好
切口
头部（正面）
缝至印记处
头部（反面）
头部中央（反面）
①头部两块正面相对合拢，前面中央缝好

缎纹针迹　⑥缝上串珠　⑤拼接耳朵
2股线
直线缝针迹
⑦注意平衡，绣出鼻子和嘴巴
④颈部周围拱缝，拉紧线
③翻到正面，塞紧棉花
0.3

2 拼接
（正面）
钮扣
①头部和躯干"コ"形缝合
手缝线
手与腿部缝合（2股线缝出一针半的往复针迹）
※成品尺寸 全长约15cm

躯干
留出返口
（正面）
①缝合
（反面）
②2块正面相对缝合，翻到正面

②塞紧棉花，缝合返口
（正面）

手
①内侧缝好
（正面）
留出返口
（反面）
③塞入棉花，缝合返口
内侧（正面）
②两块正面相对缝合，翻到正面
※制作2个

腿
①腿部2块正面相对合拢缝好
（反面）
留出返口
对合拢缝合正面
②腿部底面正面相对合拢缝好
②翻到正面，塞入棉花，缝合返口
（正面）
※制作2个

52

松松软软的企鹅

琦玉县 / 须佐佐知子

比照孩子的身高，制作一个大大的企鹅吧……于是须佐女士选择的材质是比布料更便宜的浴巾布。淡蓝色最适合酷热的夏天，松软的触感让孩子爱不释手。

手部加入铺棉芯，啪嗒啪嗒想着它走路的样子就可爱。

腹部变换为麻质和花边质地，配色与蓝色统一。

★ 材料
淡蓝色的浴巾布（身体、底部、手用），米褐色的毛巾布（嘴、腿用）各1块，拼布用布5种，眼睛用布，厚铺棉芯50×30cm，宽1.5cm的花边、宽1cm的波浪形布条各45cm，直径2cm的钮扣2颗，棉花700~800g

★ 实物大图纸见C面

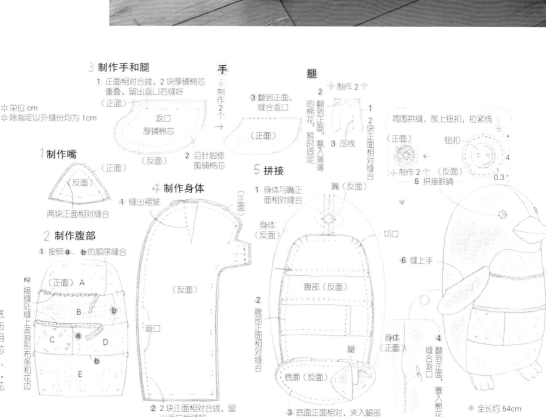

※单位cm
※除指定以外缝份均为1cm

3 制作手和腿
1 正面相对合拢，2块厚铺棉芯重叠，留出返口后缝好
（正面）
返口
厚铺棉芯
（反面）
2 沿针脚修剪铺棉芯

手
制作2个
3 翻到正面，缝合返口
（正面）

腿
※制作2个
3 翻到正面，塞入薄薄的棉花，暂时固定
2 块正面相对缝合
1 压线

周围拱缝，放上钮扣，拉紧线
钮扣
※制作2个（反面）
5 拼接眼睛
0.3
4

1 制作嘴
（正面）
（反面）
两块正面相对缝合
1 缝出褶皱

2 制作腹部
1 按照a、b的顺序缝合
2 接缝处缝上波浪形布条和花边
（正面）A
B b
C a D
E b
2 2块正面相对合拢，留出返口后缝好

4 制作身体
（正面）
1 身体与嘴正面相对缝合
身体（反面）
2 腹部正面相对缝合
（反面）
返口
嘴（反面）
切口
6 缝上手
腹部（反面）
腹部正面相对缝合
身体 正面
底面（反面）
腿
4 翻到正面，塞入棉花
2 2块正面相对合拢，留出返口后缝好
3 底面正面相对，夹入腹部再缝合
※全长约54cm

5 拼接

篮子中是贺礼不可或缺的白色年糕。小鸟起到锦上添花的作用。

 小鸟

茨城县 / 中村治美

小鸟围在巢穴旁，如同我守护自己孩子一样。如果有这样的摆设可以给孩子讲讲森林中的故事哦。材料为起毛毛毡，轻柔的质感完全能够表现出小鸟稚嫩的翅膀。

上：眼睛执意选择圆形串珠。最终找到合适的尺寸。
左：停留在小树枝上的 3 只小鸟。
右：顶着花冠的雏鸟。

※单位 cm　※除指定以外缝份均为 0.3cm

1 制作头部

1 头部与头部中央的 1 边缝合（用半针回针缝一针一针缝结实，拉紧线）

头部中央
头部

2 再重叠 1 块头部，前面中央缝好

头部　头部

留出嘴巴的插入口

3 外围缝好后，翻到正面

返口

5 塞入棉花，使脸颊膨胀

4 返口处进行拼缝

筷子

6 拉紧线

2 制作身体

1 身体与侧面的 1 边缝合

身体
侧面

留出尾巴的插入口

返口

2 再重叠 1 块身体，缝好后翻到正面

3 塞入棉花，返口"コ"形缝合

3 拼接

1 头部与身体"コ"形缝合

3 插入嘴巴和尾巴，缝好

4 缝上眼睛（参照旁边图示）

5 翅膀缝好固定

2 翅膀与尾巴 2 块缝合（手缝线 2 股线）

b 串珠穿在线上，再穿入长针中

眼睛的缝法

a 用珠针佛认拼接眼睛的位置

d 用力拉紧线，打结

c 从背面的颈底部穿出线

雌鸟全长约 5.5cm　雄鸟全长约 6.5cm

脸颊塞入棉花，露出可爱的表情

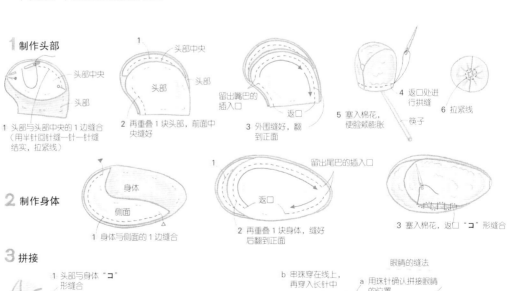

★ 材料
边长 20cm 的四方形起毛毛毡，奶油色毛毡（嘴巴用），直径 0.3cm 的串珠 2 颗，棉花

★ 实物大图纸见D面

森林中，掌心一般大小的动物不计其数！

 # 橡子装饰品

琦玉县 / 山森加代

除去可爱，简单也非常重要，山森女士说。橡子的盖帽由剪细的毛毡缠绕而成。另外，眉毛的位置也很讲究哦！

★ 材料
毛毡8种，直径1cm的线绳，25号刺绣线，直径1cm的铃铛，棉花

★ 实物大图纸见D面

1 制作脸部

1 正面相对合拢，用细致的针脚缝好
（正面）
（反面）
缝制起点
0.2
缝制终点

毛毡下方2/3处涂上薄薄的黏合剂
（反面）

2 用同样的方法缝合，翻到正面
※ 制作2个

3 塞入棉花，夹入线绳（50cm），缝好
棉花
线绳穿入铃铛中，顶端先打好结
3
※ 其中一侧放入铃铛，因此上方需整平

2 制作头部

1 毛毡涂上黏合剂，线绳做芯，缠好
※ 线绳上不用涂抹黏合剂
0.5
准备3种毛毡（20cm×2根）
1
斜着裁剪，拼接

2 缠成脸部的大小后再用手指调整，使其膨胀

3 放到脸部上方，缠好。终点处斜着裁剪，纤缝
4 随意纤缝

3 拼接

约5.5cm

1 3块毛毡重叠，缝好固定，接着再刺绣出眼睛和眉毛
刺绣出嘴巴
直径0.6cm
直径0.5cm
直径0.4cm
毛毡
法式结粒针迹（1股线）

使用方法

橡子顶部加上绳带的话，就能像这样用来装饰手提包了。

※ 单位cm ※ 均需剪缝份

动物天堂之后再来看看女孩人偶吧。和家人生活在一起的孩子们，总会去附近的保育园、幼稚园结识自己的朋友圈，这个手工的人偶就送给最初交到的朋友吧。成为朋友后，再一起打扮她吧。在此介绍的是长袖连衣裙，但也可以按照同样的方法，用薄布料制作出夏天的半袖。能让孩子感受到季节的馈赠才是最重要的。

替换各季衣服，玩转一整年。

换装玩偶

山下佐千子

换装在下面的插图中有具体说明。山下女士经验谈，如果缝制的尺寸太小就麻烦了，除袖口以外布端都无须三折，翻折缝份后压紧就OK。

穿上时尚的衣服

※全长28.5cm

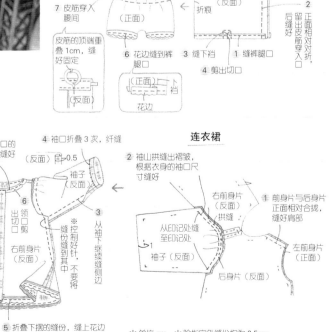

下身

5 折叠腰间缝份，缝好后翻到正面

7 皮筋穿入腰间

（正面）1.5　0.5
皮筋穿入口
（反面）
折痕
正面相对对折，留出皮筋穿入口后缝好
2

皮筋的顶端重叠1cm，缝好固定

6 花边缝到裤腿
1 缝裤腿
3 缝下档
剪出切口
（正面）档
（反面）
花边

鞋子

11 丝带用黏合剂粘贴到右前身片

1（正面）缝好　2 切口
两块正面相对
（反面）
3 翻到正面
4 折叠缝份，缝好　0.2
（正面）
★制作2个

（正面）
（正面）
9
（正面）
10 缝上按扣　9 制作口袋，拼接

8 折叠前端的缝份，缝好

7 折叠领口的缝份，缝好
（反面）　0.5
领口剪切口
左前身片（正面）
后身片（正面）
右前身片（反面）

口袋的制作方法
★ b 折叠开口侧，缝好（反面）
制作2个
a 拱缝，结合图纸，拉紧线后整理形状
（反面）图纸

5 折叠下摆的缝份，缝上花边

4 袖口折叠3次，纤缝
（反面）0.5
袖子（反面）

6
※从袖下继续缝针，不要绕
※控制缝好后，缝份缝到侧边

3 从袖下继续缝针到侧边

连衣裙

2 袖山拱缝出褶皱，根据衣身的袖口尺寸缝好

右前身片（反面）

1 前身片与后身片正面相对合拢，缝好肩部
从印记处至印记处拱缝

袖子（反面）

左前身片（正面）
后身片（反面）

※单位cm　※除指定外缝份均为0.5cm

★ 材料
本白色 25×70cm（主体用），亚麻格子（连衣裙用）40×30cm，边长 20cm 的四方形花样布料（鞋子、口袋用），纯白色（下身用）25×15m，宽0.8cm的花边花31cm、宽0.7cm的花边20cm、宽0.9cm的丝带30cm，宽0.3cm的皮筋16cm，直径0.6cm的按扣4对，25号刺绣线，毛线，棉花。

★ 实物大图纸见C面

准备身体的各部分

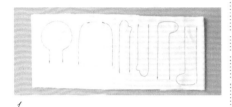

1
身体用布裁剪为 25×70cm，正面相对合拢对折，留出 0.7cm 的缝份空间，沿图纸裁剪做出印记，再平缝。手缝时可缝出半针回针缝脚，稍稍拉紧线，仔细缝合。布料需稍微具有弹力。

2
除返口以外，缝份均剪齐 0.5cm 后，再翻到正面。弧形部分沿针脚剪出切口，避免布料褶皱相连。翻到正面，整理手、脚尖部分。

头部、手、腿中塞入棉花

1
用筷子将棉花塞至颈底部。棉花先从袋子中取出，操作时更方便。塞入紧密的棉花，压按也不会变形。

2
手脚部分将棉花撕成细长状，使用螺丝刀重叠塞紧会更美观，要将它塞得鼓鼓的。

3
手部最后的棉花塞至距离返口 0.7cm 的位置，返口折叠到内侧后用1针固定。

4
腿部最后也塞至距离返口0.7cm的位置，不用翻折返口，放着就好。

拼接身体

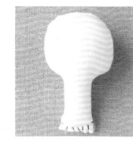

1
首先是头部。返口轻轻缝合。

2
将头部插入躯干上的拼接位置，用珠针暂时固定。然后纵向仔细缝好拼接。

3
躯干中塞入少量的棉花后，插入腿。躯干返口的缝份用珠针暂时固定，用回针缝仔细缝好。

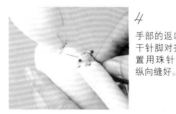

4
手部的返口中心与躯干针脚对齐，两个位置用珠针暂时固定，纵向缝好。

拼接头发

1
毛线缠到 11×5cm 的厚纸上，圆环的其中一侧结成束，另一侧的顶端剪断，制作出头发。头部的顶点处用珠针暂时固定，再用刺绣用的针缝好。

2
将整个头部的头发展开，制作成刘海。剪刀刀刃与头部呈30度角，关键要一点点修剪，与头部服帖。

NG

剪刀与头部呈 90 度，头发不自然。一刀剪也是失败的根源。

脸部进行刺绣

1
用珠针决定好眼睛、鼻子、嘴巴的位置，用画粉笔画出印记后取出针，完成后用水洗掉印记。

2
从头发遮住的侧面头部插入针，眼睛绣出缎纹针迹。按照印记中央→上→下的顺序仔细进行刺绣。

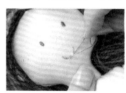

3
按照步骤2的方法插入针，用比翼钉迹绣出反Y字型的鼻子。嘴巴为轮廓绣针迹。

整理头发和脸部

1
用牙签涂上黏合剂将头部上方 3/4 的头发固定。涂抹时按照后面头发→一侧面头部的顺序，刘海仅上部涂抹黏合剂。注意黏合剂不要过多。

2
再将丝带发箍拼接到头上。稍微避开头发，用珠针暂时固定，然后在两端缝2针。

3
用棉棒在脸颊上色。市售的腮红便可。

制作替换的衣服！

女孩制作完成后就要为她换衣服啦。穿上短裤，或是连衣裙，外出时再穿上鞋子…这样也能让宝宝自己记住穿衣的顺序。

用手工服饰
首次感受时尚

没有缝制过衣服的人也肯定能完成，选用的都是非常简单的设计。相比大人的服饰，用料少、要缝的距离也较短，而且非常可爱！

打扫时换上围裙！

转到背面又是不一样的花样。

圆点、方格……将碎布缝成四方形布料即可！

蝴蝶结也非常抢眼

拼布的围裙

东京都 / 奈良一美

虽然是围裙，但展开后便是长方形的拼布。都是直线缝，初学者可放心试试看。布料则选择了孩子们喜欢的圆点图案！可搭配牛仔裤和短裤。

布料的故事①···巴里纱

里布使用的巴里纱是纱线更为结实的布料。随性轻柔，适合搭配，肌肤触感极佳。看不见的地方总是充满了妈妈浓浓的爱。

★ 材料
米褐色巴里纱（里布用）80×40cm，
拼布用布7种，宽2cm的斜纹布料
70cm，宽1.2cm的布料2cm，直径
0.8cm的按扣1对

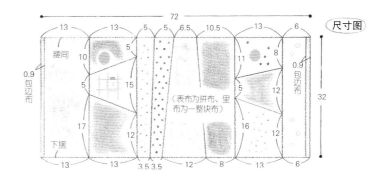

尺寸图

1 缝合表布

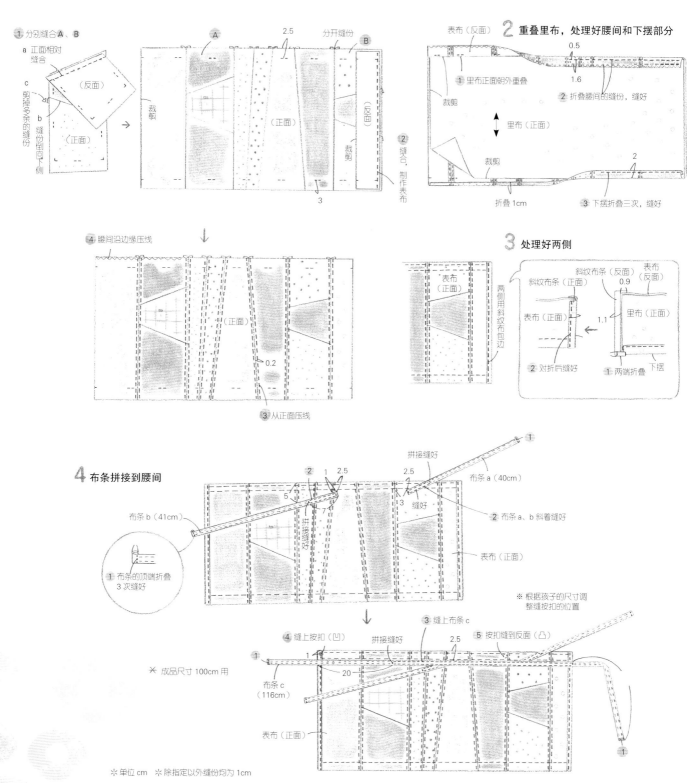

※ 单位 cm　※除指定以外缝份均为 1cm

布料重叠缝制而成
的裤腿非常结实，
不用担心磨破。

臀部背面也有口袋

儿童裤子

琦玉县 / 皆川纯江

方块花样活泼可爱！男孩子好动，绝对适合。裤腿和白色的口袋也非常漂亮。即便沾上泥土，也透露着一种莫名的清洁感，这条裤子就是这样。

布料的故事②…方块花样

方格与棋盘格。黑白、蓝白等两色，上下左右排列成大大的正方形，给人简洁的印象，与纯白色的口袋形成对比，十分抢眼。

果然还是要搭配白色的轻便鞋……

★材料
棉麻方格 110×70cm，白色（口袋、袋盖，裤腿口布料用）
80×40cm，宽 1.8cm 的布条 45cm，宽 1.8cm 的斜纹布条
15cm，布条，直径 1.3cm 的钮扣 2 颗

方格　　裁剪图

宽110cm

折痕

后面裤腿
（2块）

前面裤腿
（2块）

3　　3

1.2　1.2

1.2

1.2　1.2

1　1

70

侧面缝合
前、后裤腿正面相对合拢

白色

80

袋盖
（2块）　（2块）

2.5　2.5

折痕

后面口袋　前面口袋

（2块）

裤腿口布料（2块）

40

1 制作口袋与袋盖

2 折叠带扣，缝好

2 折叠缝份

3
※
制作
2 个

口袋
（反面）

1 沿边缘压线

厚纸

弧形处拼缝，放上厚纸，制作出形状

袋盖
（正面）

1 块正面相对缝合

2 翻到正面，2 块一起沿边缘车缝

0.8

3 压线

※ 制作 2 个

2 缝侧面，拼接口袋和袋盖

2
前、后裤腿正面相对合拢

后面裤腿
（反面）

后面裤腿
（正面）

1 沿边缘车缝

前面裤腿
（反面）

3
2 块一起沿边缘车缝

1

6 缝上袋盖

4 缝份倒向前裤腿侧，压扁

（正面）

后面口袋
（正面）

前面口袋
（正面）

0.8

0.8

前面口袋
（正面）

后面口袋
（正面）

5 拼接口袋

0.5

前面裤腿
（正面）

后面裤腿
（正面）

7 翻折袋盖，压线

0.7

前面裤腿
（正面）

3 缝下裆

后面裤腿
（反面）

前面裤腿
（反面）

1 前、后裤腿正面相对合拢，缝合下裆

2 分开缝份

※ 按照同样的要领制作右裤腿

4 缝立裆

（正面）

前面裤腿
（反面）

后面裤腿
（反面）

重叠2次缝好

1 皮筋穿入口

其中 1 块翻到正面，正面相对合拢，留出皮筋穿入口后缝好

（正面）

5 缝腰间

1 分开缝份，皮筋穿入口处压线

0.3

后面裤腿
（反面）

2 折叠缝份，缝好

前面裤腿（正面）

后面裤腿
（反面）

※ 根据孩子的尺寸调整皮筋的长度

7 拼接

1 后面缝上自己喜欢的布条

后面裤腿
（正面）

5

3 皮筋穿入腰间
重叠缝好

皮筋（43cm）

后面裤腿
（反面）

2 斜纹布条缝到立裆处

前面立裆
（反面）

8

折叠

下裆

背面立裆

4 钮扣缝到袋盖上

前面裤腿
（正面）

※ 成品尺寸 90~100cm

6 拼接裤腿口布料

（正面）

折痕

（反面）

1 正面相对对折，缝好

（正面）

折痕

裤腿口布料（正面）

3 裤腿口布料正面朝外对折，3 块一起沿边缘车缝

后面裤腿（正面）

下裆

分开

前面裤腿（正面）

裤腿口布料（正面）

2 正面相对合拢缝好

（正面）

0.5

1.8

裤腿口布料（正面）

4
裤下侧返回到裤腿
压线，缝份倒向裤腿口布料

（正面）

裤腿口布料

4

5 裤腿口布料向上翻折，熨烫出折痕，仔细缝好

上下设计蓬松的套装！

衬衫 & 灯笼裤

东京都 / 奈良一美

蹒跚学步,抓住某个东西站着。即将学会走路的宝宝,就需要这样一套方便手脚自由移动的套装。短裤的腰间和裤腿口处仍旧加入了皮筋。

衬衫是套头式,方便穿着.

布料的故事③……双层纱

如同其名字一样,由上下两层纱布重叠织成的布料,轻柔感不言而喻,透气性也相当出色,用它给多汗的宝宝制作衣服最合适不过了。

即便有尿布,也可以随意弯腰蹲地.

双层纱材质,即便多汗也没关系.

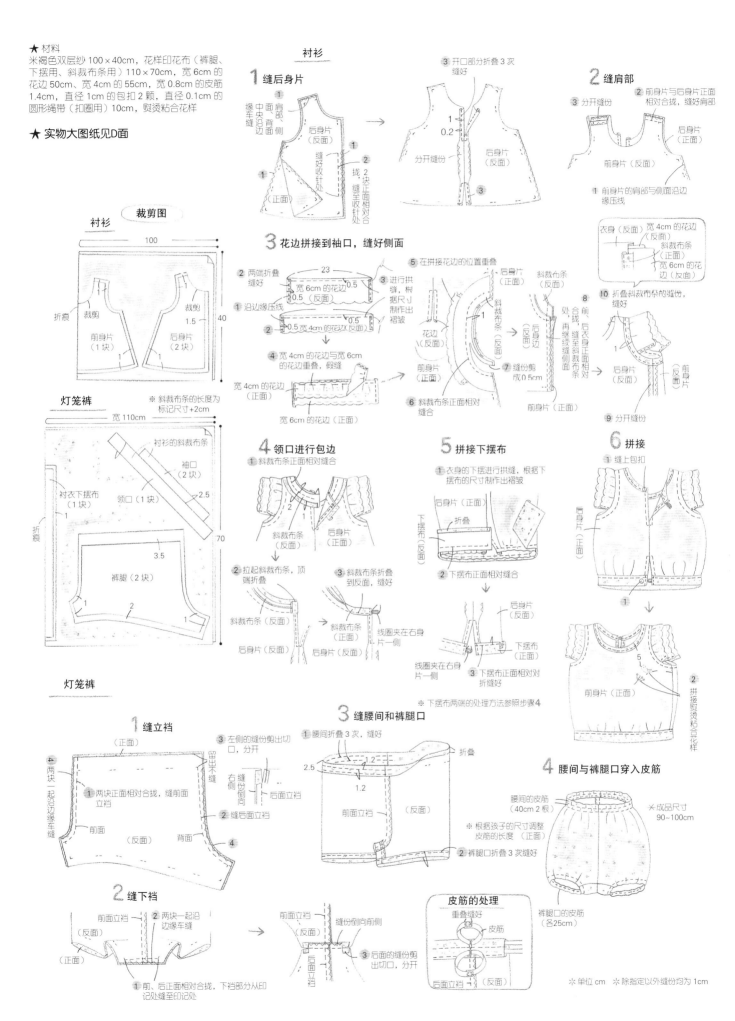

★ 材料
米褐色双层纱 100×40cm，花样印花布（裤腿、下摆用、斜裁布条用）110×70cm，宽 6cm 的花边 50cm、宽 4cm 的 55cm，宽 0.8cm 的皮筋 1.4cm，直径 1cm 的包扣 2 颗，直径 0.1cm 的圆形绳带（扣圈用）10cm，熨烫粘合花样

★ 实物大图纸见D面

衬衫

裁剪图
衬衫

灯笼裤
※ 斜裁布条的长度为标记尺寸+2cm

灯笼裤

衬衫

1 缝后身片

2 缝肩部

3 花边拼接到袖口，缝好侧面

4 领口进行包边

5 拼接下摆布

6 拼接

1 缝立裆

2 缝下裆

3 缝腰间和裤腿口

4 腰间与裤腿口穿入皮筋
　腰间的皮筋（40cm 2 根）
　※ 成品尺寸 90～100cm
　※ 根据孩子的尺寸调整皮筋的长度
　裤腿口的皮筋（各25cm）

皮筋的处理

※ 单位 cm　※ 除指定以外缝份均为 1cm

就像围裙一样打
成蝴蝶结……

背面为围裙样式，穿着时将腰间的绳带打结。

女孩连衣裙

鹿儿岛县 / 西村理惠

材质为红白十字绣针脚的亚麻。缝制的针脚在裙子前面的正中，可爱素雅。即便是瘦了，灯笼式的设计也会非常合身。衣身长度可以通过肩带调节，算是小小惊喜。

布料的故事④…麻布

大多数由植物亚麻织成的布料都称为亚麻。具有一定光泽和透气性，且具有张力，非常适合夏天外出时穿着。褶皱感也别有一番韵味。

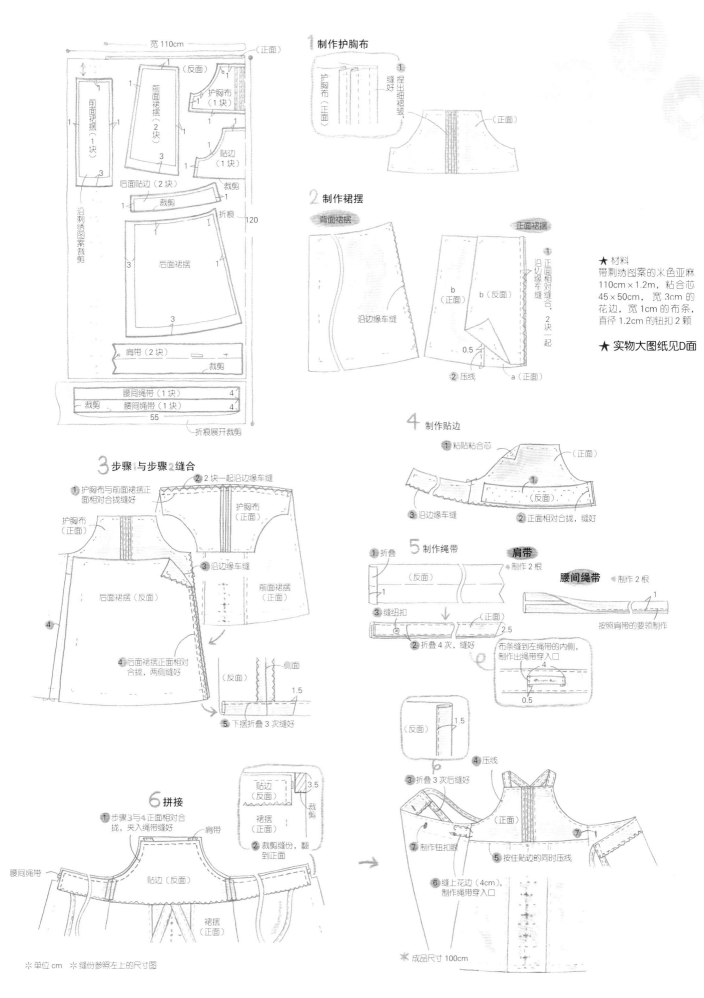

宽 110cm

（正面）

前面裙摆（1块）

前面裙摆（2块）

（反面）

护胸布（1块）

贴边（1块）

后面贴边（2块）

裁剪

折痕

后面裙摆

120

沿刺绣图案裁剪

肩带（2块）

裁剪

腰间绳带（1块） 4

裁剪 腰间绳带（1块） 4

55

折痕展开裁剪

1 制作护胸布

护胸布（正面）

① 缝好
捏出细褶皱

护胸布（正面）

（正面）

2 制作裙摆

背面裙摆

沿边缘车缝

正面裙摆

b（正面） b（反面）

① 沿边缘车缝

正面相对缝合，2块一起

0.5

② 压线 a（正面）

★ 材料
带刺绣图案的米色亚麻
110cm×1.2m，粘合芯
45×50cm，宽 3cm 的
花边，宽 1cm 的布条，
直径 1.2cm 的钮扣 2 颗

★ 实物大图纸见D面

3 步骤3与步骤2缝合

② 2块一起沿边缘车缝

① 护胸布与前面裙摆正面相对合拢缝好

护胸布（正面）

护胸布（正面）

③ 沿边缘车缝

后面裙摆（反面）

前面裙摆（正面）

④

④ 后面裙摆正面相对合拢，两侧缝好

侧面

（反面）

1.5

⑤ 下摆折叠 3 次缝好

4 制作贴边

① 粘贴粘合芯

（正面）

③ 沿边缘车缝

（反面）

② 正面相对合拢，缝好

5 制作绳带

① 折叠

（反面）

1

③ 缝纽扣

（正面）

② 折叠 4 次，缝好

2.5

肩带 制作 2 根

腰间绳带 制作 2 根

1

按照肩带的要领制作

布条缝到左绳带的内侧，制作出绳带穿入口

4

0.5

（反面）

1.5

④ 压线

③ 折叠 3 次后缝好

6 拼接

① 步骤3与4正面相对合拢，夹入绳带缝好

贴边（反面）

3.5

裙摆（正面）

裁剪

② 裁剪缝份，翻到正面

肩带

腰间绳带

贴边（反面）

裙摆（正面）

（正面）

⑦ 制作钮扣眼

⑤ 按住贴边的同时压线

⑥ 缝上花边（4cm），制作绳带穿入口

⑦

※ 成品尺寸 100cm

※ 单位 cm ※ 缝份参照左上的尺寸图

65

只需加入单个装饰花样，既有的服饰马上变为原创！

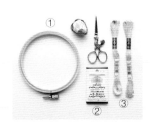

别有韵味的手工制作

对于那些觉得缝衣服好难的朋友来说，还有这样的方法：试着在现在的衣服胸部、肩部、臀部加入一些代表自己孩子的特殊标记吧。当然也可以购买布标，再缝到衣服上的方法。此处我们介绍更有手工制作感的彩色刺绣。虽然是小小的单个装饰花样，效果却出人意料。

牛仔裤的裤腿口

在硬质的牛仔裤上进行十字绣时，建议针要与布料保持垂直。使用抽线帆布绣好伞顶后，再在手柄和伞边缘绣上串珠。

内掘久美子

刺绣花样

一针一针绣出可爱的花样……准备好各种颜色的线，尽情享受动手的时间吧。妈妈的衣服上也可以绣上一块哦。

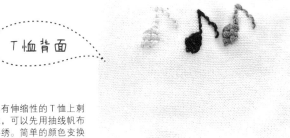

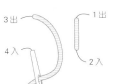
T恤背面

直接在具有伸缩性的T恤上刺绣比较难，可以先用抽线帆布进行十字绣。简单的颜色变换让人赏心悦目。

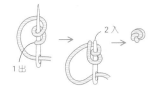

刺绣工具

①绣绷（直径18cm的方便使用）。使用绣绷刺绣的话，布料能保持紧绷，针脚之间的距离也较为均等。②刺绣针（此处使用的是9号针）③25号刺绣线。其它还包括针插、剪线专用剪刀等。

复写图案时…

布料的上方按照①画粉纸（单面）②绘图纸（事先复写好图案）③透明胶依次重叠，防止错开固定号，用铁笔等描绘。

关于十字绣使用的布料

一边数布纹针数，一边进行刺绣，因此适合选择麻布等织线稍微疏松的布料。如果要用织线较密的布料刺绣，可选择抽线帆布更为便利。所谓抽线帆布是指之后可以抽出织线的网孔状布料。

抽线帆布的使用方法

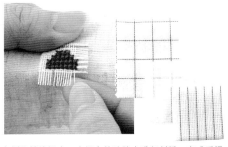

右侧为抽线帆布。在帆布的孔隙中进行刺绣，完成后慢慢地抽出线。左侧为使用方法。抽线帆布与布料重叠，刺绣完成后，剪掉周围多余的帆布线。与布纹平行，逐一抽出每根线。

十字绣针迹

2入　4入　6入
8入
1出　3出　5出　7出
9出

直线缝针迹

3出
4入
1出
1入
2入

法式结粒针迹

2入
1出
2入

回针缝针迹

1出
4入　2入
3出

缎纹针迹

3出　2入
3出
1出

轮廓绣针迹

3出
1出　2入

卷针针迹

1出　3出
2入

比2~3的间隔稍长，缠好线

扣紧线
2
4入

神奈川县／岩田由美子

小熊香袋

以幼子第一次
遇到朋友时的
场景为原型设
计。低垂着双
眼，表情温柔。
曲线较多，仔
细用回针缝进
行刺绣。

花朵钮扣

首先进行刺绣，然
后再将布料剪成圆
形，包住钮扣。既
可以缝到手提包上，
也可以做发饰。

包书皮

刚好适合做孩子相
册的封皮！替换不
同的颜色，绣出草
莓味道的甜甜圈、
巧克力豆曲奇。

★ 实物大图案

T 恤

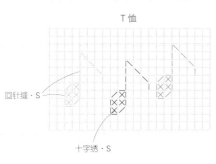

回针缝·S

十字绣·S

牛仔裤的裤腿口

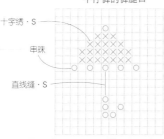

十字绣·S

串珠

直线缝·S

直线缝·S（重叠 3 次）

用法式结粒·S（1 股线）填满

直线缝·S

轮廓绣·S

回针缝·S
（1 股线）

轮廓绣·S

直线缝·S

直线缝·S

卷针玫瑰绣·S

轮廓绣·S

法式结粒·S

刺绣 =25 号刺绣线除指定外均为 2 股线、缎纹·S

把妈妈画的画，缝到宝宝的衣服和小物件上……

选择织纹细密的布料，花样图案更清晰明显。如果选用带颜色的布料，则又是另一种风格。

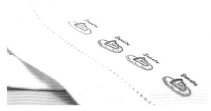

卡其色的色差变化。渐变排列，互补色交叉缝制，非常漂亮。

橡皮图章

神奈川县 / 村田千春

盖个章，再盖一个……孩子们一定会爱上它的。准备好各种颜色的墨水，红、蓝、黄……也能学习到颜色的名称。

用什么颜色呢？朝哪边呢？

小物袋

手帕

丝带

★ 实物大图案

针插

线轴

咖啡杯

幸运草

果酱

蛋糕

刺猬

还想要一些更简单的单个插图吗？那就要推荐图章喽。材料为文具店里出售的橡皮和小刀即可，想到就马上开始吧。孩子的画也可以用作印章图案，拍下照片，图案越来越多…有没有觉得很棒啊？不仅是衣服和小物件，明信片和涂鸦本的角落也可以随意盖哦。

★材料
橡皮（将表面的粉尘洗掉）、裁纸刀、设计裁纸刀、三角形刀刃的雕刻刀（方便雕刻文字）、锥子（方便雕刻圆形）、铅笔、绘图纸、素描橡皮、巾用、裁纸垫

玩转色彩！

布用印泥可以在手工店或文具店购买到。每种颜色都很鲜艳。

替换颜色时……

涂有墨水的一面用素描橡皮包住。这样一来就能完整印制正面的墨水。

描绘图案

1
插图放到绘图纸上，再用铅笔描绘。

2
画有图案的一面翻到反面，放到橡皮上，用指甲压按转印，注意线条不要歪斜。

3
切掉周围插图周围多余的部分，将橡皮弄成容易雕刻的大小。

削割轮廓

1
沿图案的轮廓用设计裁纸刀削割出切口（刀刃自由选择角度），刀刃的外侧倾斜。转动橡皮更容易操作。

2
沿轮廓2~3mm处（红色虚线）用刀刃的内侧雕刻。

3
经过步骤*1*和*2*，图案的周围已大致削割完成。至此，轮廓制作完成。

细节部分……

1
雕刻圆形时使用锥子更为方便。也可以用自动铅笔等顶端较尖的工具代替。

2
然后沿周围图案的边缘削割。这样压盖印章时，不会留下多余的面，完成后更漂亮。

3
完成。

开始盖章喽

1
印泥用手拿好，轻轻敲击，涂上墨水。

2
印制到布料上之前，先在纸上试一试，确认不会有碎屑掉下来。同时也要检查弧线等是否漂亮。

3
在布料上压盖完印章后，将熨斗调整到适当的温度，放到图案上方15妙左右。一点点熨烫，防止布料烫焦。

雕刻文字时……

1
为保证文字顺利雕刻，先在图案下方拉一条基准线。然后直接描绘，再将橡皮切割成四方形。

2
文字轮廓的内侧削割出切口。相比外侧的文字更纤细。

3
削割图案周围，不用的部分斜着削割3mm。刀刃外侧朝着图案，插入时相对容易。

4
用三角刀刃仔细处理弧线的内侧和线条的细节部分。

5
暂时告一段落。

6
接近完成时如右下图。轮廓较粗糙，进行微调后如左下图，完成。

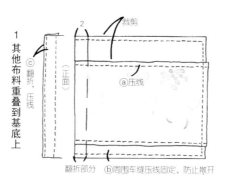

1 其他布料重叠到基底上

基底

21

4.5

14

4.5

12

12

21

放照片的位置

其它布料
（按照个人喜好调整长度、位置）

裁剪

2

©翻折、压线

ⓐ压线

正面

翻折部分　ⓑ周围车缝压线固定，防止散开

布料缝隙间留下文字

用英文或数字印章，书写自己喜欢的文字。像漫画一样，在孩子睡觉的图片上加入"ZZZ……"，或是标注上照片的拍摄日期。

🐴 百变相簿（P4）

成品尺寸为 21×21cm，可以按此尺寸裁剪布料，分页制作，也可以将小布块拼接成 21×21cm。用家里的碎布或不穿的衣服做做看吧。

★ 材料
熨烫粘贴的布制不干胶，喜欢的各种布料，字母和数字印章，布用印章墨水

2 粘贴照片

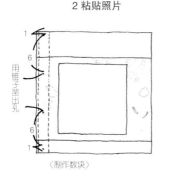

1
6
6
1

用锥子戳出孔

〈制作数块〉

3 数块重叠

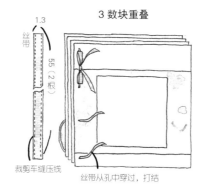

1.3

丝带

55（2根）

裁剪车缝压线

丝带从孔中穿过，打结

将孩子的照片搬到布料上吧

1. 图片导入电脑中，打印成尺寸为 12×12cm 的布制不干胶。2. 揭去背面的纸，粘贴到相册基底的布料中央。完成后再进行熨烫，使图片粘牢。

1　　2

🐴 叽叽喳喳的 小鸟毛毯（P6）

毛毯成品尺寸为 96×96cm。但可根据孩子的身高随意调整尺寸。周围只需折叠 3 次缝好，非常简单，之后再缝上各式花样就好了。

★ 材料
紫色纱质布料 115×150cm（主体、口袋、嵌花用），白色和深紫色纱质布料（嵌花用），鸣笛 6 个，手工棉或者纸巾

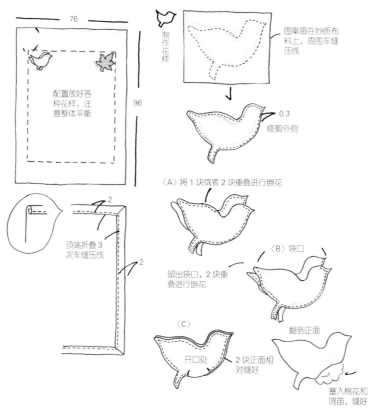

76

配置放好各种花样，注意整体平衡

96

2

顶端折叠 3 次车缝压线

2

制作花样

图案画在纱质布料上，周围车缝压线

修剪外侧
0.3

〈A〉将 1 块或者 2 块重叠进行嵌花

〈B〉袋口

留出袋口，2 块重叠进行嵌花

〈C〉

开口处

2 块正面相对缝好

翻到正面

塞入棉花和鸣笛，缝好

制作口袋

数个花样中上边留出部分，制作成口袋。缝制时再放上 1 块同样的花样，错开重叠。

制作会发音的花样

纱质布料裁剪出 2 块小鸟图案（留出 5mm 的缝份），正面相对合拢缝好，留出 3cm 左右的返口。翻到正面后塞入棉花，或者是塞入纸巾和鸣笛，再缝好。把它放入口袋中，一起玩吧！

★ 嵌花的实物大图案见A面

手印 & 脚印的箱子（P5）

各种尺寸大小不同的纸箱子印上孩子的手印和脚印后，就能变得这般可爱。钻到里面、合起来、堆起来……玩法多样。重量轻，可随意搬到房间的任何角落。

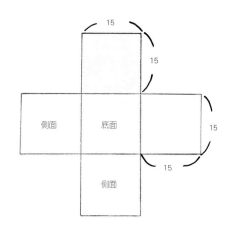

15
15
15
15
侧面
底面
侧面
侧面

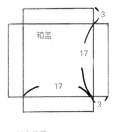

箱盖
3
17
17
3

※ 其它箱子
13×13cm，11×11cm，
9×9cm，7×7cm

★材料
用于压按手印 & 脚印的乳白色布料 112×50cm，棕色表布（底面用）90×30cm，其它粉色布料、花样布料、粉色千鸟格子布料适量（部分配置），厚纸（箱子的基底）7×7cm、9×9cm、11×11cm、13×13cm、15×15cm 各 5 块，厚纸（箱盖用）17×17cm 1 块，3×17cm 4 块

如果侧面的图案不完整，可以之后将手印剪下来，重叠贴上。

1. 准备好压按孩子手印、脚印的乳白色布料（手印 & 脚印的压按方法参见P5）。

2. 裁剪成正方形的 5 块厚纸，按照图片方法组合。粘合面用布条固定。

3. 布料比箱子的尺寸稍微大一些，裁剪好后粘贴到侧面。使用双面胶粘合。尤其是 4 个角要固定结实。

4. 多余的布料处用剪刀剪出切口，折叠到内侧，再用双面胶固定。

5. 粘贴底部。棕色的布料比箱子的尺寸稍大，四周折叠到内侧，用双面胶固定。

铃音吉他（P7）

有时是会发出铃音声响的吉他，有时又是可装放孩子手帕的手提包。此吉他为惯用左手的孩子设计，如果是惯用右手，可以把图纸翻转后使用。

★材料
花样厚棉布（主体与肩部用）70×60cm，粉色布料（侧面用）130×30cm，20cm 的拉链，刺绣线，大小铃铛 19 个，粉色毛毡 1×3cm，棉花

★ 实物大图纸见A面

吉他主体完成后，内侧均匀地塞入棉花。之后再缝上内侧口袋。

1.拉链拼接到袋口布

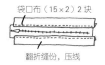

袋口布（15×2）2 块

翻折缝份，压线

2.袋口布与侧面缝好

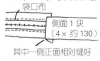

袋口布
侧面 1 块
（4× 约 130）
其中一侧正面相对缝好

3.缝合主体与侧面

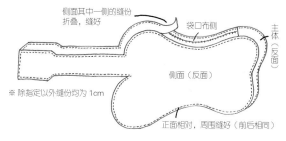

侧面其中一侧的缝份折叠，缝好
袋口布侧
主体（反面）
侧面（反面）
※除指定以外缝份均为 1cm
正面相对，周围缝好（前后相同）

4.翻到正面

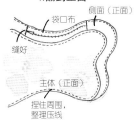

袋口布
侧面（正面）
缝好
主体（正面）
捏住周围，整理压线

5.制作内侧口袋

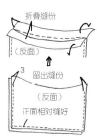

折叠缝份
（反面）
3
留出缝份
（反面）
正面相对缝好

6.拼接内侧口袋

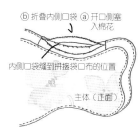

ⓑ折叠内侧口袋 ⓐ开口侧塞入棉花
内侧口袋缝到拼接袋口布的位置
主体（正面）

7.制作肩带

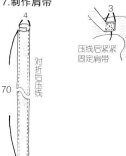

4
70
对折后压线

3
侧面
压线后紧紧固定肩带

8.拼接肩带，拉弦

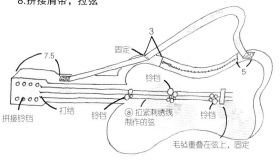

7.5
固定
3
3
5
铃铛
拼接铃铛
打结
铃铛
ⓐ拉紧刺绣线制作的弦
铃铛
毛毡重叠在弦上，固定

图书在版编目（CIP）数据

送给亲亲宝贝的手作小物 / 日本主妇与生活社编著；
何凝一译. -- 北京 ： 中国民族摄影艺术出版社,2012.12
（Cotton time精选集）
ISBN 978-7-5122-0344-0

Ⅰ. ①送… Ⅱ. ①日… ②何… Ⅲ. ①手工艺品－制
作 Ⅳ. ①TS973.5

中国版本图书馆CIP数据核字(2012)第288811号

TITLE: ［簡単かわいい！手作り布おもちゃ＆布小物］
BY: ［主婦と生活社］

本书由日本株式会社主妇与生活社授权北京书中缘图书有限公司出品并由中国民族摄影艺术出版社在中国范
围内独家出版本书中文简体字版本。
著作权合同登记号：01-2012-8449

策划制作：北京书锦缘咨询有限公司（www.booklink.com.cn）
总 策 划：陈 庆
策　　划：李 卫
设计制作：王 青

书　　名：Cotton time精选集：送给亲亲宝贝的手作小物
作　　者：日本主妇与生活社
译　　者：何凝一
责　　编：欧珠明 张宇
出　　版：中国民族摄影艺术出版社
地　　址：北京东城区和平里北街14号（100013）
发　　行：010-64211754 84250639 64906396
网　　址：http://www.chinamzsy.com
印　　刷：北京博艺印刷包装有限公司
开　　本：1/16 787mm×1092mm
印　　张：4.5
字　　数：80千
版　　次：2013年2月第1版第1次印刷
ISBN 978-7-5122-0344-0
定　　价：36.00元